욕망이론과 건축이론

글 임기택

PART II 욕망이론의 건축적 적용

건축과 관련된 욕망이론

초현실적 욕망의 건축 표현기법

이데올로기와 정치의 건축적 특성

레이트 아방가르드 건축의 작품특성

욕망의 표현과 관련된 건축가의 작품특성

PART Ⅲ 시사점과 건축적용가능성

10

욕망이론과
건축이론
/
프로이트, 라캉
지젝, 헤겔

주요철학자 소개

지그문트 프로이트 (Sigmund Freud, 1856~1939)

오스트리아 출신의 20세기 정신분석학 창시자. 심리학, 정신분석학(사회학 문화인류학)등에 지대한 영향을 끼쳤다. 빈 대학 의학부에서 신경해부학을 공부하고 1885년부터 파리에서 마르탱 샤르코의 지도 아래 히스테리환자를 관찰하고 최면술을 공부하며 무의식의 개념을 확립했다. 자유연상법을 이용하여 히스테리를 치료하다가 1900년대 이후 꿈과 정신분석의 치료법과 심층심리학을 확립했다. 가장 큰 업적은 '무의식' 의 발견이다. 제1차 세계대전 후 사변적 경향을 강화하여 만든 이드id · 자아ego · 초자아superego등의 3원론 개념은 무의식의 작동 방식의 구조를 밝힌 것이다. 히스테리의 원인이란 보통 어린 시절의 트라우마로 대개는 성(性)과 연관된 내밀한 것들이었다. 정신질환자들은 억압을 통해 무의식으로 가라앉아 버린 이 원인을 의사의 도움으로 기억해내고 인지함으로써, 즉 일종의 카타르시스를 통해 증상이 치유되곤 했다. 일반적으로 인간의 꿈이나 실언 등의 무의식적 행위가 어떤 억압된 것을 표출시킨다는 것을 발견했다. 나아가 그는 성적 충동(리비도)이 유아부터 성인에 이르기까지 모든 인간의 중요한 본능 가운데 하나라고 주장했으며, 이러한 삶의 본능(에로스)과 반대되는 죽음의 본능(타나토스)의 존재를 설정했다. 이를 통해 생의 본능과 죽음의 본능의 개념을 정립했다. 또한 성적 발달단계에 따라 구강기, 항문기, 남근기 등의 시기구분과 오이디푸스 콤플렉스의 개념을 설립했다. 주요저서에는 『꿈의 해석』(1900), 『토템과 터부』(1913), 『정신분석입문』(1917), 『쾌감원칙의 피안(彼岸)』(1920), 『자아와 이드』(1923) 등이 있다. 10권의 주제에서 다루게 되는 라캉과 지젝의 사유에 근본적인 토대가 되었다.

1

2

3

4

자크 라캉 (Jacques Lacan, 1901~1981)

파리 출생. 파리의대 졸업 후, 프로이트 정신분석 이론의 새로운 실천적 흐름을 개척한 철학자, 정신과의사, 정신분석학자. 고등사범학교에서 처음에는 철학을 배웠으나 후에 의학 · 정신병리학을 배웠다. 1932년 프로이트의 지도를 받았으며 20세기 지성계의 다양한 유명 인사들과 지적 교류를 계속했다. 정신생리학과 자아심리학적인 분석에만 집중한 정통파 '국제정신분석학회' 에서 탈퇴하여 1953년 독자적인 프랑스정신분석학회를 창설하였다. 1966년 논집 『에크리 Ecrits』의 간행으로 유명해졌으며 타자의 언어로의 관여를 주체의 근원에 둔 언어를 통해 인간의 욕망을 분석하는 이론을 정립하여 '프로이트의 계승자' 라는 평가를 받았다.
그의 사유는 "인간의 욕망은 대타자의 욕망이다." 혹은 "문체는 그 사람 자신이다." 라는 문장으로 요약된다. 그의 사유에서 중요한 것은 '의식의 진짜 주인은 무의식이다.' 달리 말해 '의식은 무의식에 의해 조종 받고 있다' 는 개념이 중요하다. 또 '나는 타자의 욕망을 욕망한다' 라는 개념이 중요한데, 이것은 달리 말해 우리는 많은 사람들이 욕망하는 것을 욕망한다는 것이다. 라캉의 이론은 프로이트의 성적 무의식에 철학 등의 인문학적 요소를 접목하여 지성계의 사유의 지평을 넓혔다는 점에서 인류사에 큰 공로가 있다. '무의식은 하나의 언어활동으로서 구조화되어 언어의 틀 속에 억눌린 인간의 내면세계를 해부했다. 주체가 '말하도록 하는' 것, 타자의 욕망이 투사된 주체가 타자의 욕망을 욕망한다는 말을 하고 있다는 근원적인 구조를 가리킨다. 주체는 자기 자신에 대해 말하면서 어느 사이에 타자가 되어 '타자의 욕망' 을 가지고 자기를 재발견하고자 하는 것이다. 라캉

1. 프로이트의 초상
2. 라캉의 초상
3. 지젝의 초상
4. 헤겔의 초상

의 거울이론에서 제시한 바와 같이 타자로의 자기 소외는 주체의 형성에 있어서 구성요건이며, 주체는 처음부터 분열된 구조를 가지고 있다. 지젝의 사유에 결정적으로 철학적 영향을 끼쳤으며 특히, 상상계, 상징계, 실재계와 주이상스의 개념을 중심으로 정치, 사회, 문화를 분석하는 면에 있어서 중대한 영향을 끼쳤다.

슬라보예 지젝 (Slavoj Zizek, 1949~)

1949년 슬로베니아 출생. '동유럽의 기적' 으로 지칭된 구 유고 출신의 철학자. 학문적 토대로서 라캉과 마르크스, 헤겔의 사유를 접목하여 자신의 철학을 확립했다. 류블랴나 대학에서 철학을 공부했으며 파리 제8대학의 정신분석학으로 박사를 취득했다. 80년대 류블랴나에서 '이론정신분석학회' 를 창립하여 회장직을 수행했으며 전체주의와 인종주의에 반대하는 운동가로 활동했다. 또한 현실정치에도 적극적인 관심을 보여 1990년 슬로베니아 첫 다당제 선거에서 대통령 후보로 나서기도 했다.

영향을 받은 철학자는 라캉, 헤겔, 마르크스이다. 특히 라캉은 정신분석의 분석틀과 개념용어로부터 영향을, 헤겔은 변증법적 사유 방법론을 형성하는데 영향을, 마르크스는 이데올로기 비판부문에 영향을 받았고 이들을 융합하여 자신의 철학을 정립했다. 상상계, 상징계, 실재계의 개념은 그의 사유에 있어서 핵심이며 주체와 객체 '사이' 의 작용에 관심을 집중한다. 학문적 방향성에 있어서 하이데거로 박사학위를 받았으며 데리다의 해체론을 지속적으로 연구하여 전체적 시각 이면의 균열(틈) 부분을 드러내어 전복시키는 방법론을 발전시킨다. 특히, 현대문화 및 영화 등의 대중문화를 분석하면서 그러한 방식을 드러낸다. 레비 스트로스, 푸코, 크리스테바, 라캉 등의 프랑스 구조주의와 포스트모던 철학을 집중적으로 받아들이고 마르크스의 개념을 정신분석학적으로 차용하여 라캉을 접목시키는 방법론을 사용한다. 라캉의 욕망개념과 상상계, 상징계, 실재계의 개념을 이데올로기의 사회철학적 내용과 접목하여 헤겔의 방법론으로 분석한 것이 공로이다. 그의 철학은 정치, 문화 이데올로기의 허구와 부조리함을 폭로하고 냉소하고 실천을 통해 변화시켜나가려는 힘을 지니고 있다. 강점은 대중문화를 이용하여 많은 사람들의 관심을 이끌고 있으며 그것을 바탕으로 현실을 진단하고 변화를 촉구하는 정치적 힘에 있다. 주요 저서로 『이데올로기의 숭고한 대상』(1989), 『삐딱하게 보기: 대중문화를 통한 라캉의 이해』(1991), 『부정태와 함께 체재하기: 칸트, 헤겔, 그리고 이데올로기 비판』 (1993) 등이 있다.

헤겔(Georg Wilhelm Friedrich Hegel, 1770~1831)

독일 슈투트가르트 출생. 철학자. 독일 관념론 철학을 완성시켰으며 절대적 관념론을 정립시킨 근대 형이상학자이며 만년 베를린 대학의 교수를 역임했다. 피히테의 주관적 관념론과 셸링의 객관적 관념론의 모순 대립을 매개하여 관념론을 하나의 철학체계로 종합하고 완성했다. 경험을 통하여 진리를 파악하는 변증법적 과정에 집중한 『정신현상학』을 집필했다. 사고와 존재의 완전한 동일성의 주장과 절대이념의 철학을 확립했다. 이성개념은 정립 · 반정립 · 종합의 3단계를 거치는 과정이다. 그의 철학은 자연, 역사, 정신의 전 세계를 운동과 변화, 발전의 끊임없는 과정으로 생각한 것이었으며 그 사이의 내적인 연관을 파악하려고 하는 거대한 시도였다. 철학체계는 그 후 마르크스와 키에르케고르에 의해 발전되어, 각각 변증법적 유물론과 실존주의로 발전했다. 그의 이론은 모든 것을 아우르는 정교한 통합적 사유이며 반이라는 부정적 측면(반동적)의 사유와 정신이면의 현상까지도 아우르는 것이어서 10권에서 중요하게 다루어지는 지젝의 사유에 많은 영향을 끼쳤다. 또한 노예와 주인의 변증법이 사유되었다는 것은 이미 그 안에 타인을 지배하고자 하는 욕망이 사람과 물질에 투사되면서 발생하는 모순된 변증법과 욕망이론이 사유되었다는 것을 의미한다. 지젝은 헤겔, 마르크스, 라캉의 사유에 결정적인 영향을 받았는데, 마르크스는 헤겔의 사유의 연장선상에 있는 철학자이며 라캉의 사유는 정신현상학과 많은 부분에서 함께 논의될 수 있기 때문이다. 지젝은 마르크스의 시각으로 사회를 바라보면서 인간심리의 여러 상황과 이데올로기가 지니는 사회적 의미에서 통합적으로 사유하기 때문에 헤겔의 방법론은 매우 중요하다.

열 번째 주제 /욕망이론과 건축이론

(프로이트, 라캉, 지젝)

열 번째 주제는 심리학, 정신분석학의 계보로부터 형성된 욕망이론을 살펴본 후, 건축분야에서 '욕망' 이론과 관련된 다양한 표현 및 공간구조와 구축의 흐름을 살펴볼 것이다. 프로이트는 인간의 정신이 의식과 무의식으로 구성되어 있으며 의식은 무의식이 구조화되어 작동되면서 표출되는 것임을 밝혔다. 즉, 무의식 자체가 언어의 구조와 같이 인류공통의 구조적 특성이 있음을 밝힌 것이다. 더 나아가 라캉은 언어는 그 언어를 사용하는 민족의 생활양식과 이면의 욕망까지도 구조화되어 나타나면서 통용됨을 주장한다. 언어가 다양한 외적변수 및 힘과 반응하고 시대정신과 공명하며 욕망을 현시한다. 언어와 유사한 방식으로 구축되는 건축분야 역시 욕망이 투사되어 구축되기에 욕망의 작동방식을 이해하는 것은 매우 중요하다.

욕망과 관련된 건축적 흐름은 당대의 정치, 경제, 사회, 대중문화가 만들어내는 역사에서 확인할 수 있다. 10권에서는 정신분석학의 주요 관심사로서, 구조 이면에서 어떻게 욕망이 발현되며 대중문화와 정치적 요소들과 어떠한 방식으로 상호영향을 주고받으면서 구조화되는지에 대해서도 살펴보도록 할 것이다. 주 대상이 될 철학자는 프로이트와 라캉, 지젝이다. 특히 지젝은 데리다와 마찬가지로 주체와 객체의 '사이'와 '틈'에서 어떻게 욕망이 작동하여 현실세계(상징계)에 드러나는지에 대한 메커니즘에 주목하고 있다. 5권에서 살펴보았던 해체주의 담론에서는 데리다의 사유를 근간으로 하여 언어의 글쓰기에 주목하였다. 그래서 5권 해체주의와 건축이론에서는 기존 서구의 형이상학적 전통에서 보이는 글쓰기의 근본적인 문제점과 주체와 객체 사이에서 채울 수 없는 결핍과 보충에 대한 내용을 사유했다. 그것은 로고스 중심주의(logo-centrism)[1]의 부족함과 문제점에 대해서 근본적인 해결책을 탐구한 것으로, 서구의 모든 지적 전통을 해체하고 새로운 글쓰기(글쓰기 행위-무언가를 만드는 행위, 텍토닉의 행위)를 요구하는 것이다. 요약하여 말하면 그것은 '미래완료적 글쓰기'를 의미한다. 그러나 라캉의 영향을 받아 헤겔을 새로운 방식으로 복권하고자 하는 지젝의 경우, 독일 관념론의 전통의 연장선상에 있는 헤겔의 변증법적 특성과 마르크스주의의 물질관을 정신분석학의 틀을 이용하여 발전적으로 해석한다. 특히, 그는 세계를 이해하는 존재론적인 측면에서 상징계와 실재계에서 벌어지는 양상을 정신분석학, 욕망이론, 그리고 다양한 문화정치 이데올로기적인 담론과 함께 분석하여 기존의 가치체계를 전복시키고자 한다. 정신분석학의 계보를 중심으로 하여 정치, 사회, 문화전반에 통렬하게 메스를 가하고 있는 그를 이해하기 위해서 10권에서는 정신분석학의 계보의 시조인 프로이트의 정신분석으로 시작하여 라캉 그리고 지젝에 이르는 사유의 흐름을 확인할 것이다. 건축적으로는 인간의 욕망을 담론화하고 표현하는 건축 작품과 욕망의 표현과 함께 건축공간구조로 현시되는 메커니즘의 사례들을 통해 실재계와 상징계의 특성에 대해서도 살펴볼 것이다.

건축은 공간을 만드는 것이기도 하지만 동시에 상징과 관련된 표현이 함께 구축되기도 한다. 그것은 건축가 자신을 드러내는 표현이기도 하며 동시에 그 건축을 사용하는 사용자와 클라이언트의 사회적 표현의 니즈를 실현시켜주는 작업이기 때문이다. 즉, 그것은 상당부분 건축가와 클라이언트의 표현욕구와 욕망이 표출되는 욕망의 공간, 대타자의 표현이 될 수밖에 없다. 구축되는 과정에서는 대타자의 욕망이 다양한 상징과 알레고리적인 방식으로 드러나게 마련이다. 따라서 10권의 내용은 상당부분 5권의 해체주의 내용 및 건축가와 건축 작품에 있어서 겹치는 부분이 발생한다. 이러한 현상이 나타나는 이유는 같은 것을 다른 시각으로 분석하기 때문이다. 의식의 이면 혹은 수면 아래에서 작동하는 무의식과 욕망의 메커니즘의 이론이 각 철학자들의 관점에서 같은 것을 다른 방식으로 설명할 수

1) 로고스 중심주의(logo-centrism): 데리다가 합리적 이성의 로고스(logos)라는 개념이 서구 형이상학의 영역(사회, 문화, 사상)을 지배해왔음을 의미한다. 그는 로고스중심주의의 부조리함을 폭로하여 비판적으로 해체(deconstruction)하고 이를 위해 말보다 글쓰기보다 말의 우위를 주장하여 글쓰기는 말의 표상에 불과하다는 입장이다. 이를 위해 데리다는 차연과 보충의 개념을 제시하고 미래완료적 글쓰기를 주장했다.

있는 부분이 존재할 수 있다. 또한 이러한 방향성은 교조적이고 이데올로기적인 세계를 거부하는 다원적인 포스트모더니즘의 흐름과 이에 포함되는 후기구조주의의 사유와 맞닿아 있다. 이러한 담론들과 연계된 건축공간과 표현체계에 대해서 살펴보는 것은 상당부분 1권에서 언급했던 벤야민의 무의식의 표현체계와 함께 후기구조주의의 관심사와 맥을 같이 한다. 10권의 주제는 건축에 있어서 욕망과 상징과 관련된 담론들을 총체적으로 연계시켜 사유할 것이다. 건축은 흐르는 시간이 만들어내는 역사 속에서 시대정신과 공명하며 사회의 외적변수와 심리, 무의식적인 부분들이 표출되어 물질화되기 때문에 욕망이론은 포스트모던 시대의 표현과 관련된 담론들을 관통하며 중요성을 더한다.

이에 따른 화두는 다음과 같다.

- 프로이트 정신분석학과 구조주의와는 어떠한 관계가 있는가?
- 라캉의 상상계, 상징계, 실재계의 개념과 메커니즘은 인간의 심리와 어떠한 관련이 있는가?
- 라캉의 이론과 건축표현과 관련되는 부분은 무엇인가?
- 지젝의 변증법과 주체개념은 무엇인가?
- 욕망과 환상, 인종과 관련된 개념과 건축공간과 어떤 관련성이 있는가?
- 마르크스의 좌파적 성향과 지젝의 사유는 어떤 관계가 있는가?
- 욕망과 관련된 초현실주의 기법의 건축적 표현은 어떻게 적용되는가?
- 이데올로기와 정치의 욕망 개념은 오늘날 도시건축에 어떻게 작용되며 나타나는가?
- 레이트 아방가르드 건축가들은 욕망을 어떻게 표현하고 있는가?
- 현대건축의 욕망의 표현은 어떠한 경향으로 이루어지고 있는가?

등을 구체적으로 사유해보도록 할 것이다.

욕망이론의 주요관점과
PART I
형성배경

정신분석학의 발전과 계보

1001 정신분석학의 등장과 발전

20세기 들어 새로운 학문분야가 등장했는데 그중 사회학, 문화인류학, 그리고 정신분석학이 대표적이다. 이러한 학문분야는 공통적으로 인류의 근본적인 구조가 존재함을 밝히는 학문적 특성이 있었다. 그것은 일정부분 인류의 믿음과 관습적인 학문적 풍토에 깊은 충격을 주는 결과를 낳았다. 고상한 문화를 향유한다고 생각했던 서구인들의 문화와 풍습이 사실은 미개하다고 생각했던 원시부족과 별다를 것이 없다는 점을 밝힌 것이다. 문화인류학자의 연구와 함께 심리학 분야에서 프로이트는 인류의 의식이 무의식에 의해 만들어지며 조종 받고 있다는 점을 밝힘으로써 근대 이성에 깊은 충격을 줌과 동시에 기존 학문적 풍토에 파괴력을 선보였던 것이다. 프로이트의 심리학은 인류의 의식을 3가지 요소로 분류하여 상호작용을 분석했다는 점에서 획기적이었다. 프로이트는 인간의 정신이 끊임없이 위반하고 침범하고자 하는 요소인 이드id와 그것을 통제 관리하려고 하는 윤리적인 초자아super-ego, 그리고 그 사이에서 적절하게 합리적으로 조정하고자 하는 자아ego가 상호작용하는 3원론 이라고 주장하며 정신분석의 토대를 형성했다. 또한 그는 꿈과 히스테리를 연구함으로써 무의식이 의식의 수면 위로 발현되는 양상의 분석을 체계화시켰다. 그러나 프로이트의 정신분석학은 오이디푸스 콤플렉스로부터 시작되는 인간의 성적(性的) 무의식과 욕망의 억압이라는 주제에 지나치게 깊이 함몰되어 집요하게 연구한다는 비판을 받았다. 너무 성적인 부분에만 집착하는 듯한 연구 성향이 거부반응을 일으키며 비판받은 것이다. 이후 정신분석학 및 심리학의 발전에 있어서 여러 학자들이 다른 방향의 시각과 연구를 통해 학문의 지평을 넓혀갔다.

칼 구스타프 융은 프로이트의 정신분석학적 개념인 무의식에 영향을 받아 정신분석학을 연구했다. 그는 프로이트의 집착에 가깝다고 생각했던 성적인 관심사에서 더 나아가 정신분석을 '집단 무의식collective memory' 이라는 개념으로까지 발전시켰다. 만년에는 그의 이론을 동양적 신비주의까지 확장시켰다. 그의 이론의 주요 키워드인 집단무의식은 '내 안에 전체가 있다' 는 문장으로 요약된다. 그는 세계 어느 민족이나 신화가 존재하는데, 거기에는 기본 구조와 등장인물들이 많은 부분 공통적으로 일치하고 있는 점에 착안했다. 신화의 구조 속에서 그는 '집단 무의식' 의 요소가 존재함을 발견했다. 꿈은 무의식이 발현된 것으로 생각한 것과 마찬가지로 융 역시 각 문화권이나 민족들의 신화 혹은 설화 속에 공통적인 이미지와 등장인물들이 나타난다는 점을 발견하고 이를 연구했다. 그는 각각 다른 문화권이라 하더라도 인류의 정신과 문화에는 근원적인 공통분모 즉, 원형archetype이 있다고 주장하는 것이다. 그것은 플라톤의 이데아와 같이 인간 심리속에 존재하는 기억과 무의식의 본질을 이루고 있는 것이다. 그것은 오랜 기간의 문화 및 역사로부터 내려온 인류공통으로 존재하는 구조로서, 억압된 성적 본능의 범주가 아니라 개인의 경험 이전의 초월적인 본질이다. 그것이 바로 집단 무의식이다. 이렇듯 융의 연구는 프로이트의 정신분석학에 있어서 집착에 가까운 성적인 부분으로부터 관심을 돌려 문화 및 집단 무의식의 개념으로 확장시킨 공로가 있다.

5

6

한편, 또 다른 중요한 심리학자인 알프레드 아들러(Alfred Adler)가 있다. 그의 경우 프로이트의 이론과는 대립되는 내용이 많다. 그는 성(性)적인 동기보다는 사회적인 관계로부터 동기화가 이루어진다고 주장한다. 그는 각 개인의 사회적 열등감이 노력을 하게 만드는 동기이자 창조성의 원천으로 본 것이다. 열등감을 극복하고자 인간은 자신을 숙련시키고 성공, 완벽을 추구하며 초월하고자 한다는 것이

5. 융의 초상
6. 아들러의 초상

다. 그의 연구는 개인의 재교육과 사회의 재구조화에 관심을 집중한 것이었다. 그는 정신분석을 함에 있어서 개인적인 측면보다는 사회적 존재로서 공익을 추구하며 사회를 중심으로 하는 방향에 관심을 집중했다. 또한 후에 살펴보게 될 라캉의 경우, 프로이트의 성적 욕망에 따른 정신분석학에 깊은 영향을 받은 가운데, 심리학을 언어구조학과 연계시켜 무의식의 구조화를 증명하고 이에 대한 담론을 문학 및 철학이론과 접목하여 확장시켜 발전시켜나갔다.

앞서 언급한 바와 같이, 프로이트의 정신분석학은 전체 인류 공통의 근본적인 정신구조를 연구한다. 따라서 그의 학문은 구조주의의 대표적인 학문분야로 분류된다. 구조주의는 편의상 붙여진 명칭이다. 구조주의 학자로 분류되는 어떤 학자나 철학자들도 활동 당시 자신이 구조주의 철학자라고 언급한 적이 없다. 단지 후대의 학자들이 편의상 이들의 학문적 경향을 인류공통의 근본구조를 연구하는 공통분모가 있다는 점에 착안하여 구조주의 철학자 혹은 구조주의 학자라고 언급한 것이다. 라캉의 정신분석은 인류 공통의 정신분석학을 언어학과 접목하여 발전시킨다. 그것은 인간의 문화, 사유 전반에 지대한 충격을 가져왔던 구조주의적 흐름의 연장선상에 있다. 또한 지젝은 헤겔과 마르크스, 라캉으로부터 영향을 받았고, 정치적으로는 알튀세르, 랑시에르의 영향을 받아 사유를 발전시켰다.

이후 후기구조주의post-structuralism라는 용어는 구조주의와 마찬가지로 후대에 유사한 성향의 학자들의 학문적 성향에 따라 분류된 것이다. 자크 데리다와 롤랑 바르트는 대표적인 후기 구조주의자들이다. 후기구조주의는 언어의 역할에 주목하며 언어가 우리의 존재와 인식에 어떠한 영향을 끼치는지에 대해서 사유한다. 특히 데리다는 언어로 짜인 텍스트로서의 현실을 인식하는데, 그의 주장은 글쓰기의 역사에 근본적으로 문제가 있었으므로 이러한 텍스트를 만들어냈던 서구 이성체계 자체를 해체하여 다시 생각하고 다시 글쓰기를 진행해야한다고 주장한다. 그는 끊임없는 기표와 기의의 미끄러짐과 표류하는 상황에서의 통제력 상실에 대해서 새로운 해결방안을 주장하는 것이다. 이제 후대에 구조주의적 관점으로 인간의 근본적인 정신구조를 연구하는 흐름에 결정적인 영향을 끼친 프로이트의 정신분석학의 기본 개념에 대해서 살펴보도록 하자.

1002 프로이트의 정신분석학

프로이트의 가장 큰 업적은 '무의식' 의 발견으로 요약할 수 있을 것이다. 그의 사상의 가장 큰 미덕은 인류 공통의 무의식의 발견과 그 작동 체계에 관한 연구를 선구적으로 수행했다는 점에 있다. 연구 초기에 프로이트는 히스테리 임상을 바탕으로 심리적 원인이 신체적 질환으로 나타날 수 있음을 알아냈다. 이때 히스테리의 원인이란 보통 어린 시절의 충격적 경험(트라우마)인데, 대개는 그것들은 성(性)과 연관된 내밀한 것들이었다. 히스테리 환자는 일찍이 머릿속에 각인되었다가 억압을 통해 무의식으로 가라앉아 버린 이러한 증상의 원인을 의사의 도움으로 기억해내고 인지했다. 정신분석자의 도움으로 환자는 일종의 카타르시스를 통해 증상이 치유되곤 했다. 이것이 프로이트가 처음으로 인간의 무의식에 접근하게 된 계기였다. 무의식의 작동 방식을 연구하던 프로이트는 이것이 단순히 정신질환 환자의 경우뿐만 아니라 일반인의 경우에도 마찬가지로 적용된다는 점을 눈치 챘다. 나아가 히스테리 환자의 치료 과정에서 최면술, 압박술, 자유연상 등의 여러 가지 방법을 시도해 보면서 인간의 꿈이나 실언 등의 무의식적 행위가 무언가 억압된 것의 표출이라는 점을 알게 되었다. 나아가 그는 성적 충동(리비도)이 유아부터 성인에 이르기까지 모든 인간의 중요한 본능 가운데 하나라고 주장했으며, 이러한 삶의 본능(에로스)과 반대되는 죽음의 본능(타나토스)의 존재를 설정했다.[2] 프로이트의 이론은 흔히 모든 것을 성(性)적으로 설명하려 한다는 비판을 받았다. 그의 분석은 특히 인간의 발달 과정에 관한 설명에서 두드러졌다. 프로이트는 유아기와 유년기에 벌어진 사건이 사람의 평생을 좌우한다고 주장하며, 발달 단계에 따라 구강기(입으로부터 성적 쾌감을 얻는 시기)와 항문기(항문으로부터 성적 쾌감을 얻는 시기)와 남근기(남성의 성기에 관심을 갖는 시기) 등

2) 타나토스(Thanatos): 타나토스는 그리스 신화에서 죽음을 의인화한 신으로부터 영향을 받아, 공격적인 본능들로 자기를 파괴하고 생명이 없는 무기물로 환원시키려는 죽음의 본능을 의미하는 개념으로 프로이트가 정립했다. 그것은 자기 보존적 본능과 성적 본능을 합한 에로스와는 다른 것이다.

을 구분했다. 나아가 남자아이의 경우에는 어머니에게 성적 욕망을 느끼고 아버지에게 거세 공포를 느끼는 이른바 '오이디푸스 콤플렉스'의 시기가 있으며, 여자아이의 경우에는 '남근 선망'을 느낀다고 주장했다.[3]

앞서 언급한 바와 같이 프로이트는 무의식의 분석을 통해 언어는 구조화 되어 있는 것이며 의식 역시 무의식으로부터 조정을 받는다는 사실을 밝혀냈다. 무의식 역시 의식과 마찬가지로 구조화되어 강력한 힘을 발휘하는 것으로 본 것이다. 달리 말해 그는 무의식이 의식의 진짜 주인이라는 주장을 통해 당시 인류에게 엄청난 충격을 안겨주었던 것이다. 그의 주장에 따르면, 무의식이 오히려 의식보다 더욱 더 체계적으로 구조화 되어 있기 때문에 의식의 작용에 절대적인 영향을 끼친다는 것이다. 즉, 무의식의 구조가 의식의 구조를 좌지우지하는 인류의 보편적인 구조라는 주장이다. 이성의 관념이 실제로는 무의식의 구조에 의해서 더 많이 영향을 받고 있다는 점에서 누구든지 처음 이러한 주장을 접하면 상당한 충격을 받게 마련이다. 인류 공통의 근본구조를 다루는 이러한 성향으로 인해 프로이트의 이론은 구조주의의 중요한 한 갈래로 여겨지고 있다. 또한 라캉은 무의식과 의식을 언어구조로 보았으며 알튀세르는 이데올로기로 보았다. 이에 따라 프로이트 이후 후대의 철학은 정신분석학과 다른 분야를 접목하여 지평을 확대 발전시켰다.

—이드(Id), 자아(Ego), 초자아(Super-Ego)의 메커니즘

프로이트는 우선 우리의 의식으로는 제어하거나 어떻게 할 수 없이 나타나는 현상인 '꿈'에 관심을 가지고 분석하기 시작했다. 의식으로는 제어할 수 없는 꿈이 무의식이 발현된 것으로 보고 꿈에서 나타난 상징을 중점적으로 연구한 것이다. 의식이 사실은 빙산의 일각이 수면 위로 드러난 것에 불과하고 실제로는 수면 아래의 무의식의 체계가 의식으로 드러나서 나타나는 것이라고 주장하는 것이다. 우연이거나 무의식적 행동이 사실은 나름의 구조에 의해서 나타나게 된다는 것이다. 아무런 제재가 없이 무조건적으로 범하고 넘나들면서 저지르려고 하는 것이

3) 오이디푸스 콤플렉스: 그리스 신화 오이디푸스 이야기에서 유래된 것으로 아버지에게는 적대적이고 동시에 어머니에게 호의적이면서 동시에 성적 집착을 가지는 대조적이고 복합적인 인간의 근원적인 감정과 행동이다. 아이는 어머니의 사랑을 독차지 하고 싶어 하며 아버지의 자리에 있고자 한다. 융은 이와는 대조적으로 딸이 아버지에게 애정을 품고 어머니를 경쟁자로 인식하여 반감을 갖는 경향의 엘렉트라 콤플렉스를 정립했다.

7

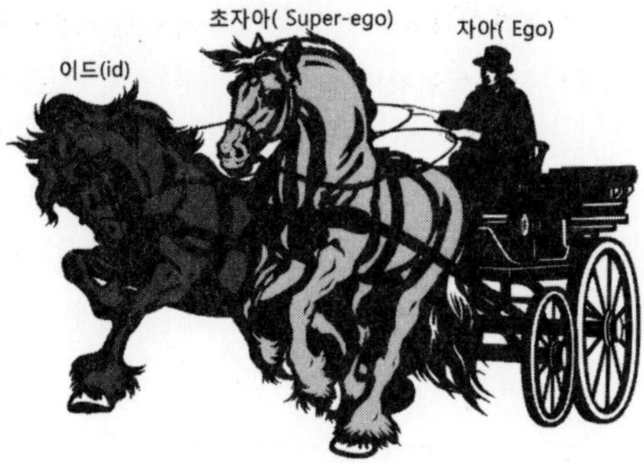

이드Id이며 초자아Super-Ego는 윤리적 특성을 가진 것으로 이드를 제어하고 통제하려고 하는 상대적인 긴장관계의 요소이다.

흔히, 3원론(이드, 자아, 초자아)을 쌍두마차로 비유하곤 한다. 마부(자아, Ego)가 각자 자신의 요구를 끊임없이 주장하는 두 요소, 이드(Id, 본능적 욕구 충족 갈구), 초자아(Super-Ego, 도덕적 억압)의 사이에서 이성적으로 중재하고 타협하는 역할을 하게 된다는 것이다. 만약, 대립적인 두 가지 요소만 존재하면 긴장감이 커지다가 결국 터져버릴 수밖에 없을 것이다. 이렇기 때문에 양자를 적절한 수준에서 타협할 수 있는 의식의 요소인 자아가 양자의 긴장을 완화시키며 합리적으로 조정하게 된다는 주장이다. 이렇게 삼원론적인 심리분야의 요소들은 분리된 것이 아니라 둘 다 다른 차원에서 서로를 억압하고 있으며 서로 견제하고 균형을 이루며 하나의 전체로서 기능하게 된다. 이드는 원초적인 생물학적 구성요소이며, 자아는 심리적 구성요소, 그리고 초자아는 윤리와 관련된 사회적 구성요소를 이루면서 전체로 기능한다.

프로이트의 연구와 주장이 충격적이었던 것은 서양 지성사에 있어서 관념과 이성의 절대적 신봉을 믿어 의심치 않았던 흐름(자아의 선험적 인정)에서 의식과 이성

7. 정신분석과 쌍두마차의 비유

이 사실은 나도 모르는 수면 아래의 무의식에 의해 조종 받고 있다는 사실이 밝혀진 데에 있었다. 그것은 근대적 관점의 이성과 관념론에 치명타를 가하는 것이었다. 이와 같이 구조주의의 중요한 한 흐름인 정신분석학은 결정론적이다. 이미 인류가 존재하는 한 의식과 무의식은 구조화되어 있다는 것이다. 하늘 아래 새로운 것이 없듯이 인간세계의 모든 것이 이미 구조화되어 있다는 시각이다. 그래서 정치적으로는 보수주의에 해당된다. 이제, 프로이트의 정신분석의 기초인 3요소에 대해서 좀 더 살펴보기로 하자.

8

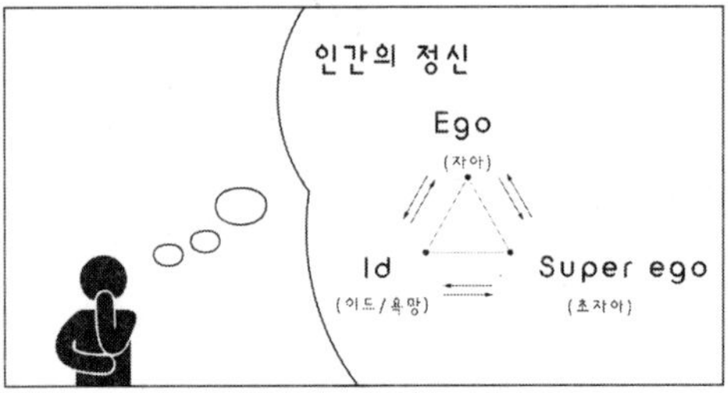

1) 이드(Id)

이드는 생물학적인 본능의 영역이다. 조직화되거나 논리적이지 않고 원초적인 쾌락이나 본능으로서 끊임없이 무언가를 요구하며 쾌락을 추구하며 무자비하다. 끊임없이 무언가를 침범하고 저지르고 무언가를 요구하려는 특성을 지닌다.

2) 초자아(Super-Ego)

초자아는 윤리성에 근거한 요소로 이상적인 완벽한 세계관을 설정하고 그것에 맞추어 위반하고자 하는 충동을 통제하고 제어한다. 그것은 이상적 사회, 전통적 미덕의 사회를 설정하여 완전함을 추구하는 것이다. 이것은 부모의 시각에서 안정적이고 사회적인 관습 및 규율이 내면화된 것을 의미한다.

8. id, ego, super-ego

3) 자아(Ego)

자아는 우리가 사는 외부세계를 인식하면서 합리적으로 통제, 조절, 타협하려고 한다. 일종의 중재자로서 끊임없이 위반하고 침범하고 요구하고 쾌락을 추구하는 이드와 그것을 끊임없이 통제하고 제어하려고 하는 윤리적인 초자아 사이에서 조절하고 중재하고 타협시킨다. 따라서 그것은 합리적인 요소이다.

성적 에너지는 본능적 충동이며 본능 에너지를 리비도(Libido)4)라고 부른다. 예술가의 에너지가 표현되는 예술 분야에 있어서는 이러한 성적 에너지가 생존적인 측면과 함께 성장, 창조성의 원천이 된다. 성적 충동이나 공격적 충동이 긍정적으로 승화되게 되면 예술적 행동의 강력한 결정요인이 되고 있는 것이다. 프로이트는 예술을 성적 욕구나 세속적 욕망 혹은 원망을 공상(환상)으로 대체하여 채우는 행위로 보았고, 예술작품은 이러한 행위들을 통해 그러한 부분들이 타협되면서 충족되는 것이라고 보았다. 이와 유사하게 프로이트는 유아기의 강박적으로 들어오는 것이 강박신경증이고 집단 심리에 들어오게 되면 그것이 바로 종교라고 보았다.

저서『쾌락의 원칙을 넘어서』(1920)에서 프로이트는 생의 본능인 에로스와 죽음의 본능인 타나토스(Thanatos)를 이원론적으로 구분하여 다음과 같이 설명한다. 생

9

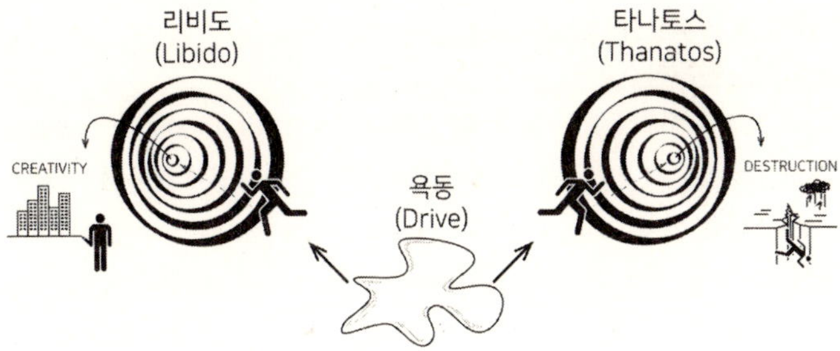

9. 리비도와 타나토스의 개념

4) 리비도(Libido): 정신분석학 용어로 성본능(性本能)·성충동(性衝動). 성적 결합의 의미와는 다른 넓은 차원의 개념이다. 구순기, 항문기 등의 네 단계의 성적 발전단계를 거치게 되는데 억압의 잠재기가 사춘기에 성욕으로 발전한다는 개념이다. 리비도의 변형양태에 따라 다양한 신경질환 및 정신적 특성(신경증 혹은 정신활동 에너지)이 나타나는 것으로 보았다. 프로이트는 리비도를 자기보존 본능과 대립되는 것으로 보았으나, 나중에는 죽음의 본능, 즉 삶을 파괴하려는 본능과 대립시켰다.

의 본능(에로스)은 전체를 만들어나가려고 통합하는 구성적인 힘을 의미하며 죽음의 본능(타나토스)은 파괴와 해체의 구성적 추동력이라고 설명한다. 그는 이러한 이원론적 특성을 생물학에서의 동화작용과 이화작용의 길항[5]으로서 달리 설명하고 있다. 성적 리비도가 외부의 대상을 향하느냐 내부의 대상을 향하느냐에 따라 '대상 리비도'와 '자아 리비도'로 구분한다. 이것은 성적 에너지의 다른 형태로서 통합적으로 설명이 가능해진다. 궁극적으로 그가 탁월한 사상가인 것은 규율과 사회억압으로부터 인간의 정신을 해방시키고자 추구했다는 점에 있다.

1003 프로이트 사유의 주요개념

정신 분석학의 기본원리는 쾌락원칙이다. 인간에게는 고통을 반복하려고 하는 강박이 존재한다. 고통스러운 것들이 왜곡된 꿈으로서 반복되어 나타나기 때문이다. 동시에 인간은 외부의 자극에 본능적으로 반응하며 방어하고 소화해내는 메커니즘이 작동하게 마련이다. 라캉은 그것을 '대상a'와 같은 것으로 보았는데 이 개념은 이후 살펴볼 것이다. 무의식에 억압된 것은 반복적으로 회귀한다. 그것은 원초적이고 본능적인 것으로, 인간에게 내재해 있는 생물학적인 욕동이다. 달리 말해 죽음의 욕동이다. 쾌락원칙과 반복강박, 죽음욕동이 프로이트에게 있어서 중요한 개념이다. 성 본능을 리비도로 정리하는 프로이트에게 있어서 죽음의 본능 역시 중요하다. 그의 개념에 있어서 삶의 욕동을 따르는 '에로스'와 죽음 욕동을 따르는 '타나토스'의 개념은 길항으로 이루어져 있다.

–오이디푸스 콤플렉스

오이디푸스 콤플렉스는 오이디푸스의 남아의 성적 정체성과 관련된 이론으로 오이디푸스 신화로부터 유래된다. 그것은 남아의 성적 정체성에 관한 것이다. 이 신화는 종교, 도덕, 사회, 예술에 있어서 인류의 근원적인 내용들이 집약되어 있는 이야기이다. 이 콤플렉스와 관련된 내용으로 유아는 정상적인 어른이 되기 위해서는 성적 쾌락의 가능성(오이디푸스적)을 포기하고 사회의 규범에 적응해야 하

5) 길항작용: 두 가지 반대되는 요인이 동시에 작용하면서 한쪽만 작용했을 때 나타나는 현상이 진행되는 것을 막아주는 역할을 하게 되는 것이다. 예를 들어 독을 마시고 해독제를 마시던가 변화를 만들어내는 힘을 상대적인 힘으로 제어한 다던가하는 피드백작용 등 상반되는 작용들을 폭넓게 지칭한다.

며 거세의 불안과 오이디푸스 콤플렉스를 겪어야만 한다. 이러한 통과의례를 거치면서 유아는 비로소 사회규범의 질서에 편입되게 된다. 한 개인이 성공적으로 이러한 과정을 거치고 안착하게 되면 일반적인 사회생활을 영위할 수 있으나 이 과정에서 고착이나 퇴행이 발생하게 되면 도착증이나 히스테리가 발생할 수 있다는 것이다.

–구순기, 항문기, 남근기, 성기기

프로이트는 4단계의 성적 정체성이 각 단계별로 발전해나가는 것을 연구했다. 이것은 순차적으로 진행하기도 하고 때로는 퇴행하기도 하면서 앞으로 나아간다.

10

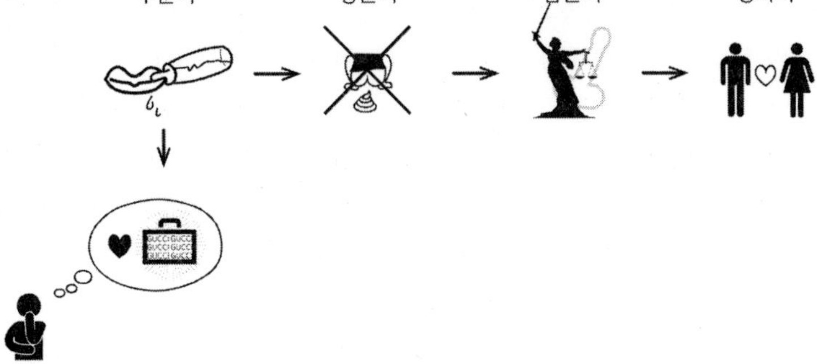

1) 구순기(口脣期, oral phase, 0~2세)

유아는 최초에 모든 것을 물고 빨고 하는 행위로 자신의 의사를 표현한다. 지각이 완전히 발달하지 않은 유아는 외적변수나 외부를 받아들이면서 빨거나 뱉거나 하는 행동으로 자신의 의사표현과 욕구표현을 하게 된다. 그것은 어떠한 대상을 소유하고자 하는 행동마저도 입으로 표현하게 된다. 구순기의 경험은 어른으로 성장하게 되었을 때 성적인 것, 소유하고자 하는 것, 기본적 욕구를 채우고자 하는 것 모두가 입과 관련된 표현과 행동에서 어느 정도 성향이 나타나게 된다.

10. 구순기, 항문기, 남근기, 성욕기

2) 항문기(肛門期, anal phase, 2~4세)

초급 단계의 구순기를 거치게 되면 금지와 통제를 의미하는 규칙에 대해서 학습하는 시기로 넘어가는데 그것은 배변습관을 훈련하는 것과 관계된다. 유아는 아무데서나 배변을 할 수 없다는 금지행위를 인지하고 그것을 상황에 맞게 통제하고 적절한 시기에 욕구의 긴장을 해소하는 사회적 규칙을 학습하게 되는 것이다. 항문기는 기본적인 감정을 억누르거나 적절한 순간에 표출하는 것인데 이와 관련하여 장애가 있는 사람은 항문기 시기의 문제가 있었을 수 있다.

3) 남근기(男根期, Phallic Phase, 4~6세)

배변습관을 통제하는 항문기를 거치면 다음 단계로 남근phallus을 구별하는 시기이다. 그것은 성적 정체성을 구별할 수 있는 기표를 구분하는 시기인 것이다. 남자 아이는 자신의 성기가 남근이며 여자 유아는 그것이 거세된 것으로 생각한다. 이 시기에 유아는 자신에게는 있는 남근이 엄마에게는 없는 것을 알게 되고 엄마의 상징적 기표로서의 남근이 되어 어머니를 지켜주고 차자하고자 한다. 그러나 그는 그것이 곧 아버지라는 상징적인 남근(법, 금기)에 의해 금기되며 그것을 욕망하는 오이디푸스 콤플렉스의 과정을 겪게 된다. 라캉의 이론에서는 남근기를 거치면서 비로소 유아는 상상계에서 기표가 지배하는 상징계로 진입하게 된다.

프로이트가 정신분석학 이론을 확립한 이후 라캉은 그의 이론에 철학적 사유와 정신계의 이론들을 접목하여 발전시켰다. 유아는 최초 어머니와의 태내 관계에서 하나의 신체로서 완전한 안락함속에 존재했다. 그러나 탯줄이 잘리고 세상으로 던져지면서 급격하게 환경이 바뀌는 극심한 고통 속에 처하게 되고 최초로 단절을 경험하게 된다. 이후 유아는 세상에 던져지고 나서 외적 변수(외적 환경)와의 관계 속에 생기는 다양한 경험을 하게 된다. 어머니는 원래 한 몸으로 연결되어 있었던 만큼 태어나서 최초로 유아를 만나고 도움을 주는 존재이다. 어머니와의 이자(二者)관계는 유아의 춥고, 배고프고, 안락한 환경을 바라는 기본적인 욕구를 충족시켜주는 보호자의 관계이다. 그러나 곧 이러한 거의 완벽한 이자의 구도에 아버지가 개입하면서 삼자(三者)구도가 된다. 어머니와의 거의 완벽한 이자관계를 균열시키는 상징적인 법으로서 개입하게 되는 것이다. 어머니와의 이자관계에서는 유아와 어머니는 거의 하나의 몸인 것처럼 인식된다. 유아는 하나의 덩어리로서의 융합상태로 인식하다가 비로소 아버지의 존재에 따라 어머니를 소유하고자 하는 욕구가 금지되는 것을 알게 된다. 이러한 아버지의 '법' 으로서의 생각은 라캉에 이르러 중요한 상징적 금지의 '법' 의 개념으로 발전한다. 라캉은 아버지의 법을 인식하게 된 유아가 상징계의 기표화 된 세계로 진입하는 과정으로 생각한 것이다.

4) 성욕기(性慾期, Genital Phase)

유아는 사춘기(6-12세)까지 성적 정체성이 잠복해 있다가 성기기에 이르러 남, 여 성기나 신체적 차이에 대해서 명확하게 인식하며 성적 정체성과 일치되는 시기가 된다. 일반적으로 이성에 대한 성적인 대상적 표현이 이루어지게 되는 시기이다.

프로이트의 연구는 개인의 심리와 관련된 것이기 때문에 근본적으로 검증이 불가능하므로 과학이 될 수 없다고 비판하는 학자들도 있었지만 점차 심리학과 정신분석학은 다양한 분야로 확대되어 연구가 이루어지게 되었다. 프로이트의 심리학은 그가 실제로 의도하지 않았지만 근대철학의 '주체' 개념을 해체하는데 결정적인 기여를 하게 되었다. 데카르트로부터 시작된 주체와 칸트의 선험적 주체는 심각한 위기에 봉착한 것이다. '생각하고 있는 나' 와 함께 주체의 내부에서 생각하고 있는 나를 조종하는 무의식이 존재하게 되면서 구도가 완전히 뒤바뀌게 되었기 때문이다. 이렇게 정신분석학은 철학 영역 밖에 있었지만 '주체철학'이라는 근대철학의 지반을 허물고 깨뜨리는 결과를 가져 왔다.

–꿈의 작동체계

프로이트는 정신과 의사로서 신경증, 노이로제 환자들을 치료하다가 무의식의 중요한 부분을 차지하는 꿈을 분석함으로써 치료의 가능성이 있음을 깨닫게 되었다. 그는 환자들을 편안한 카우치에 앉게 하고 자유롭게 무의식을 언급하도록 하는 과정에서 나타나는 환자의 꿈을 분석하며 카타르시스(배설)를 시켜줌으로써 억압된 것을 풀어주는 기능을 수행할 수 있음을 확인했다. 또한 그는 꿈을 통해 무의식에 직접적으로 쉽게 접근할 수 있음을 발견했다.

꿈은 억압된 욕망을 다른 방식으로라도 성취하고자 현재형으로 드러나는 것이다. 즉, 욕망하고 있는 소원이 성취되는 것이다. 앞서 언급한 3원론(이드, 자아, 초자아)의 메커니즘과 함께 꿈은 이성적인 분출욕구로 완전히 무의식 안에 잠재해 있는데 꿈은 도덕적인 초자아에 의해 검열되고 억압되어 잠재되어 있기 때문에 무의식 속에서 은폐되고 왜곡되어 있게 된다. 꿈속에서 사소한 무언가로 나타나는 이유는 사소해 보이는 무언가가 무의식속의 심각하고 중요한 욕망과 연결되어 있기 때문이다. 무의식은 시간을 초월한다. 그래서 때때로 억압되었던 어린 시절의 기억이 되살아나서 나타나기도 한다. 또는 오이디푸스 콤플렉스와 연계된 성장과정의 질투심과 성적 분리과정의 고통이 나오게 된다. 인간은 꿈을 통해 욕망을 대리만족하게 되는데 이때 욕망은 억압되어 있으므로 직접적으로 드러나는 것

11

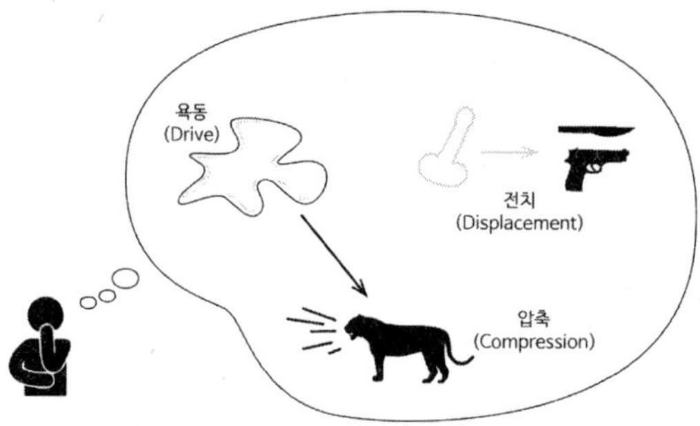

11. 꿈의 작동체계와 방법론

이 아니라 압축, 전위, 이차가공 등의 다른 형태로 나타나게 된다. 잠재된 소망과 실제로 드러나는 꿈의 내용은 간극이 발생하게 되는 것이다.

주요한 꿈의 방법론에는 압축, 전위, 이차가공 등이 있는데, 압축은 연극에 비유하면 극화되어 압축되어 나타나게 되는 표현이다. 전위는 위치가 바뀌는 것으로 주요한 욕망(쾌락 혹은 죄의식)이 사소한 것으로 혹은 다른 사물이나 표상으로 나타나게 된다. 이차가공은 꿈속에서 또 꿈을 꾸고 있는 상황으로 상황을 재가공하는 경우가 그것이다. 또한 꿈이 생성되는 과정에서 인간은 망각, 퇴행, 감정의 각성 등이 나타나게 된다. 꿈속에서는 불쾌하고 고통스러운 기억들을 본능적으로 잊고자 하는 것과 유아기의 편안하고 단편적인 감각의 시기로 돌아가고자 하는 것과 무의식적으로 억압된 감정이 드러나는 불안 등이 나타나게 되는 것이다. 프로이트의 정신분석은 꿈의 분석을 통해 과거의 정신적인 외상들의 기억들을 되살려 무의식에 접근하여 근본적인 치료를 가능하게 만들었다. 19세기 말 이후 예술분야와 건축분야에 있어서 꿈의 분석의 개념은 은유 및 환유의 개념으로 확장되어 무의식을 표현하는데 있어서 획기적인 발전을 이루게 된다. 은유 및 환유의 표현과 관련된 내용은 이후 살펴보기로 한다.

프로이트의 이론과 영향은 10권의 주제에 있어서 근본적인 토대로서의 담론이 되고 있다. 건축분야는 인간의 삶을 다루는 분야이자 학문이고 삶을 담는 그릇으로서 공간을 구축하고 외부의 입면을 표현하는데 있어서 필연적으로 인간의 의식과 무의식이 복합적으로 작용하면서 구축되기 때문에 그의 담론은 중요하다. 심리와 욕망을 탐구하는 이유는 건축물 자체가 계획하는 건축가의 자의식과 심리뿐만 아니라 클라이언트와 구축에 동참하는 여러 역할자들의 심리, 그리고 그 시대의 정치, 경제, 사회, 문화, 법률 등의 다양한 요소와 욕망들이 상호작용하며 빚어지기 때문이다. 또한 집단의 무의식은 사회의 시대정신과도 밀접하게 관련되어 있다. 인류 공통의 무의식적 요소들이 구조화되어 나타나거나 영향을 미치는 복잡한 연산과정의 심리적 요소는 표현의 직능에 있어서 핵심적이다. 따라서 우리가 프로이트로부터 라캉과 지젝에 이르는 정신분석의 내용과 사회전반의 이데올로기론 까지 확장되는 담론을 알고 욕망과 시대정신 및 이데올로기적 내용을 적용하는 것은 외적변수와 내적 욕망을 적절하게 조합하여 표현하는데 있어서 중요한 부분이 될 것이다.

라캉의 욕망이론

1004 라캉 사유의 형성배경과 주요개념

라캉은 정신분석학으로부터 시작하여 언어학을 접목하여 인간의 심리를 분석했으며 그것을 철학적 차원까지 진보시킨 공로가 있다. 그는 인간의 무의식 구조가 언어와 밀접한 관련이 있으며 언어와 같이 구조화 되어 작동한다고 보았다. 그는 소쉬르, 야콥슨과 같은 구조주의 언어학을 중심으로 하는 정신분석학의 지평을 확장시킨 학자이자 임상실험 전문의로서 세계적으로 사상계에 많은 영향을 끼쳤다.

라캉의 사유의 핵심이 되는 다음과 같은 문장들이 있다. **'문체는 그 사람 자신이다.'**, **"인간의 욕망은 대타자의 욕망이다."** 이 두 문장은 많은 것을 함의하고 있다. "무의식은 언어의 구조를 갖는다" 라는 명제는 '타인이 만든 언어에로의 참가' 라는 해석으로부터 도출되었다. 이러한 명제는 유아의 욕구에서 발전하여 언어로 상당 부분 자신의 욕망을 설명할 수 있다는 것이고, 후자는 욕망할 때 다른 사람이 원하는 것을 욕망한다는 것이다. 달리 이야기하면 타자가 인정하는 욕망을 취하고 싶어 한다는 것이다. 유아는 욕구만이 있을 뿐이다. 그러나 언어의 세계로 진입하고 욕구를 언어로 표현하는 과정에서 유아는 상징계의 법칙 속으로 진입하게 되는데, 이 과정에서 어려움에 봉착하게 된다. 언어의 세계에 입문하면서 어쩔 수 없이 겪게 되는 통과의례의 고통가운데 남겨지는 것이 있으며 이러한 것들이 무의식 속에 남게 된다.

한편, 라캉의 가장 유명한 개념으로 상상계, 상징계, 실재계가 있다. 인간의 심리는 이러한 세 가지 질서에 의해 각각의 단계를 거쳐 발전하며 사회로 나아가게 된다. 이것은 개인의 심리에 작용하면서 각각의 삶에 다른 방식으로 영향을 주는 힘의 장場으로서 역할을 한다. 이러한 세 가지 단계의 심리 질서는 각 단계에서 받아들이는 외적 변수와 경험 및 사물과의 관계를 통해 결합된다. 또한 그 경험은 유사한 윤리적 속성에서 등급화하여 작동하는 것으로 본다. 지젝은 라캉의 단계에서 논의를 발전시켜서, 상상적인 것은 부정적인 것으로 상징적인 것은 보다 발전한 성숙한 단계로 들어서는 것으로 긍정적인 의미를 내포하고 있다. 실재계는 거의 존경과 숭고한 숭배의 단계로 생각하고 있다.

라캉은 사회 속에서 인간의 위치(구조), 그리고 인간과 언어와의 구조로 프로이트를 재해석했다. 프로이트는 아동발달의 초기 단계에서는 주체와 객체, 자신과 외계 간에 뚜렷한 구분이 불가능하다고 본다. 이 상태를 라캉은 상상계(The Imaginary)라 부른다. 어린아이는 거울 단계를 통해 자기인식을 하게 되지만 타자 속에서 주체를 경험하게 되므로 소외의 길을 걷게 된다. 인간이 개별성을 획득하는 장소는 상징계이다. 그러나 상징계로의 이행은 주체의 분열을 초래한다. 상징계에 입문하면서 근본적인 욕망의 여러 가지가 만족되지 못한 채로 남겨지게 된다는 것이다. 언어에 의해 중개된 주체는 분열되어 자기 자신을 기표로 표현하게 된다. 예를 들어 벽에 그라피티를 그리는 것을 취미로 삼고 있다가 경찰이 된 사람이 있다고 해보자. 경찰은 불법으로 몰래 그라피티를 그려온 자신과 불법 그라피티를 그리는 사람을 잡아야 하는 경찰이라는 사회적인 기표 사이에서 고민하며 방황하게 될 것이다. 그라피티만 보면 본인도 그렇게 그리고 싶다는 욕망이 꿈틀거리는 것이다. 이러한 주체의 분열은 기표로서 자신을 포기하고 통제하며 상황에 따라 여러 가지의 모습(기표)으로 지내는 현대인들에게 있어서 갈등하게 만드는 모순된 상황일 것이다. 라캉은 이러한 일련의 과정을 상상계, 상징계, 실재계의 세 범주로 구분하여 설명한다. 상상계에서 상징계로 진입하는 것은 규칙과 금기가 있는 기표의 세계이다. 상징계로 진입할 때 어머니와 동일시하며 어머니의 남근이 되어 소유하고자 했던 바람은 금지되며 근본적인 욕망이 거세되고 결여된 채로 상징계로 진입한다. 실재계는 상징계에 진입한 이후에 근본적인 결여와 잔여물이 남아있는 무의식의 세계이다.

상징계에서는 주체보다 먼저 있는 선재성에 주목하고 대타자가 중요하다. 대타자는 주체와 주체간의 역할을 가능하게 해주는 제삼자나 제3의 공간을 의미한다. 즉 각 주체(A, B)가 서로 언어소통을 함에 있어서 그것을 가능하게 해주는 상징계 속의 자리이다. 상징계 내에서 차이가 나는 자리로서의 위치에 있으므로 서로 다른 주체임을 인지할 수 있는 차이의 공간이다. 상징계는 기표로 작용하는 사회의 자리가 사람의 역할과 차이를 규정하게 되는 차이의 공간이자 시스템이다. 그것은 언어의 규칙과도 같다. 언어의 세계에 입문한다는 것은 이처럼 차이의 세계, 욕망을 제어하여 잔여물을 남기는 세계에 입문한다는 것이다.

–욕구, 요구, 욕망의 구분

욕망이론에서 유사한 단어들인 욕구, 요구, 욕망을 정확하게 구분할 필요가 있다. 욕구need는 아이가 바라는 것으로 의, 식, 주, 안전과 관련된 생물학적 욕구를 원초적으로 표현하는 것이다. 유아가 울음이나 칭얼거리는 행동으로 자신의 욕구를 표현하면 어머니가 달려와 자신의 욕구를 채워준다는 것을 깨닫는다. 예를 들어 유아는 배가 고파 울면 자신에게 달려와 젖을 물림으로써 하나가 되고자 하는 욕구와 배고픔의 욕구가 동시에 해결되는 것을 알게 된다. 요구demand는 언어의 세계인 상징계로 들어와서 자신의 원하는 바를 언어로 구사함으로써 해결하는 것이

12

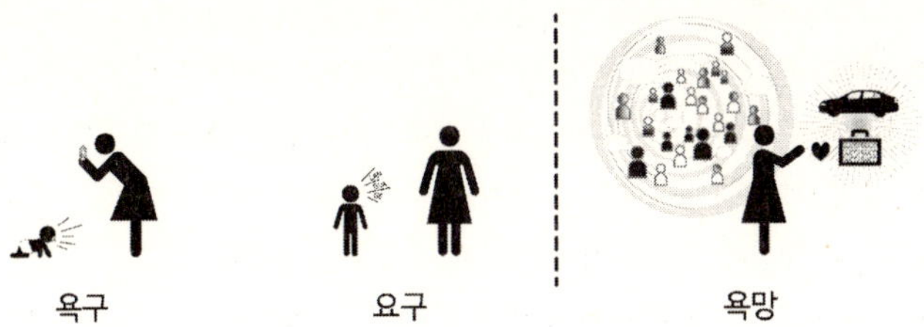

12. 욕구, 요구, 욕망의 개념

다. 인간은 원초적인 욕구를 언어적으로 표현함으로써 자신이 원하는 바를 사회적 관계 속에서 얻어낼 수 있다. 그러나 상징계는 아버지의 '법(금기)' [6]이 지배하는 세계이므로 어머니와 하나가 되고 그녀를 차지하고자 하는 근원적인 바람은 애초에 성취될 수 없다. 그것은 달리 말하면 언어의 한계이기도 하다. 욕망desire은 상징계로 진입하면서 언어로 표현되지만 끝내 만족시킬 수 없는 욕구의 불가능성으로 남게 되는 것을 의미한다. 기표와 기의의 끊임없이 미끄러지는 관계와 같이 인간은 욕망이라는 빈자리를 채우기 위해 끊임없이 욕망의 기표를 자리를 바꾸며 대체시킨다. 채워지지 않는 욕망은 채워도 채워도 끊임없이 계속된다. 채워지지 않는 빈 공간을 일시적으로 채우는 것은 환유적 유희이며 그것은 환상이다. 환상은 일시적으로 욕망을 만족시켜 주는 데는 성공한다. 그러나 욕망에는 기억이 없다. 그것은 결코 완전한 만족이 아니고 결국 다른 환상을 찾아 헤매게 된다.

라캉은 언어라는 틀 속에 억눌린 인간의 내면세계를 해부하여 분석한다는 점에서 정신분석 학계뿐만 아니라 다양한 분야에 많은 영감을 불러일으키고 영향을 미쳤다. 그의 사유는 정신분석학의 분석 및 치료수준을 초월하여 철학적 수준으로 위상이 높아졌다. 그의 독창적 분석체계는 이후 알튀세르, 데리다, 줄리아 크리스테바[7], 식수[8] 등의 철학자들에게 지대한 영향을 끼치게 된다.

1005 라캉 욕망이론의 주요개념

프로이트는 인간 심리의 무의식을 이드와 자아 초자아라는 세 가지 개념에 의해 분류하고 모든 초점을 성적인 것과 연계시켜 해석했다. 그의 연구는 인간의 무의식을 분석하는데 있어서 기초적인 개념을 설정했다는 점에서 혁신적인 공을 세운 것이었다. 그러나 그의 분석체계는 매우 합리적인 추론에 의한 것이지만 거의 모든 것을 성(性)적인 것으로 초점을 맞추는 자세 역시 곧 비판의 대상이 되고 말았다. 20세기 초, 중반에 현대 문학이론과 예술 분야에 있어서도 프로이트의 정신분석학에 의해 영향을 받아 성적인 해석에 치중하는 경향이 있었다. 이와는 달리 라

6) 아버지의 법(Phallus): 정신분석학 용어로, 거세된 페니스의 이미지에 해당한다. 라캉은 상상적 팔루스, 상징적 팔루스, 실재 팔루스로 정교하게 발전시켜, 오이디푸스 콤플렉스와 성적 차이에 대해 설명하였다.

7) 쥘리아 크리스테바(프랑스어: Julia Kristeva, 불가리아어: Юлия Кръстева, 1941년 6월 24일 ~)는 불가리아 출신의 프랑스의 문학 이론가, 저술가, 철학자이다. 1965년부터 파리에 거주하고 여기에서 활동하고 있다. 1973년부터 파리 제7대학 교수였으며, 현재는 명예 교수이다. 문학잡지 텔 켈의 공동 편집자로 활동을 하였다. 1970년대 초부터 크리스테바는 가부장적 사회에서 여성의 정체성의 문제를 다루어 왔다. 정신 분석과의 사상적인 친근성 때문에 페미니스트의 문예

캉은 인간의 심리를 기호학적으로 해석한다는 점에서 프로이트와의 차이를 보인다. 그의 학문적 토대는 프로이트의 관심과 영향 하에 있지만 그의 접근방식은 명백하게 기호학적, 언어적으로 구조화된 인간의 정신세계를 탐구한 것이었기 때문이다. 특히 그의 세 가지 질서체계는 인간이 태어나서 기호의 세계로 들어가는 과정을 면밀하게 탐구함으로써 언어로 진입하는 사회생활을 언어학적인 관점에서 설명한다. 그것이 바로 상상계, 상징계, 실재계의 세 가지 질서체계이다. 이 질서체계는 라캉 정신 분석 이론의 근간을 이루는 개념들이며, 주체를 이루는 주된 축들이다. 라캉은 존재의 현실은 상징계, 상상계, 실재계가 얽혀있는 세 차원으로 구성되어 있는 것으로 보았다. 일반적으로 쉽게 이해하기 위해서 상상계는 이미지를 의미하고 상징계는 인간의 언어체계 혹은 질서체계(규칙), 실재계는 언어로는 표현되기 힘든 무의식과 욕망의 차원으로 생각하면 쉬워진다. 이제, 이 세 가지 체계에 대해서 좀 더 살펴보도록 하자.

—상상계(l' imaginaire, 거울단계)-이미지계

상상계는 유아가 언어를 배우기 전 유아시절에 경험하는 세계이다.

거울단계는 생후 6개월 내지 18개월 된 어린아이가 거울에 비친 자신의 모습을 보고 관찰하면서 시작되는 단계이다. 유아는 어머니 뱃속에 있었을 때 편안한 상태에서 어머니의 몸과 일체화된 상태로 존재했다. 그러나 유아가 세상으로 던져지면서 탯줄이 잘리는 극심한 고통의 순간을 경험하게 된다. 이후 유아는 자신이 철저하게 찢기고 파괴되었다고 생각한다. 뱃속에 있던 유아는 어머니와 자신을 동일시하다가 생애 최초로 극심한 고통과 좌절을 경험하게 되는 것이다. 다시 말해 뱃속의 유아는 언어를 획득하기 이전의 상태로서, 주체로 형성되기 이전이며 어머니와의 상상적 동일시 관계에 있는 시기에 있었던 것이다. 이 시기는 모든 관심이 자기 자신에게 집중되면서 자기중심적인 '왜곡(歪曲)' 의 시기였다.

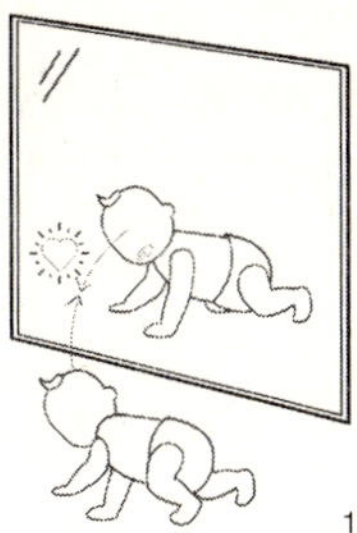

13

이론가의 일부로부터 비난을 받기도 했다.

8) 엘렌 식수: 정신분석학을 페미니즘 경향으로 분석하고자 했던 학자. 정신분석 페미니즘은 여성 억압을 정신분석을 통해 설명하려는 입장으로, 여성을 지배하려는 남성의 본성, 그리고 그러한 억압에 최소한으로 저항하는 여성의 경향성을 정신분석에서 발견하고자 했다. 정신분석학의 개념으로 무의식에서 남성이 여성을 지배하고자 하는 원천을 찾고자 노력했다.

13. 상상계 거울이론

최초에 유아는 움직임이 제한되어 자신의 전체모습을 볼 수 없고 손과 발 등을 보는 것이 전부였다가 어느 정도 성장하게 되면 거울 앞의 자신의 온전한 모습을 발견하면서 안도하고 즐거워하게 된다. 거울을 보면서 처음으로 자신의 모습을 발견한 유아는 자신의 온전한 모습을 확인하는 것으로 신기해하고 기뻐한다. 유아는 자신의 모습과 실제를 혼동하다가 그것이 허구의 이미지임을 곧 깨닫게 된다. 다른 한편 본인의 그 이미지가 타인의 이미지와 다르다는 것도 곧 깨닫게 된다. 유아는 계속해서 거울 속에 자신의 모습을 비추면서 놀이를 지속한다. 라캉은 '거울단계에서 만들어지는 '나' 라는 개념을 자아(Ego)' 라고 설정했고 그것은 완전한 자기애로부터 기인한 결여가 없는 이상적인 '나' 를 만들어낸 것이다. 이처럼 상상계는 무의식에서 상상적 나르시시즘의 단계에 해당된다. 이는 결여가 없는 정체성을 지닌 '나' 를 만드는 허구적인 자기규정이자 자기 자신에 대한 일종의 환상이다. 바로 이 시기에 주체성이 발달하기 시작하며 자기 몸 일부를 사랑하는 자기성애의 단계에서 몸 전체를 사랑의 대상으로 여기며 발전해 나가게 된다. 이 시기는 세상에 던져진 후, 지각능력이 떨어지는 단계이다. 따라서 이 시기는 자기 자신에게만 관심이 집중되는 극도의 자기애(自己愛)로 채워진 시기이며 왜곡되었다가 자신을 발견하는 시기이다. 이 시기는 욕망의 대상이 오로지 자신이며 또한 타인과 공유되는 소통체계를 습득하지 못한 시기이므로 타인과의 사이에서 본인만의 욕망을 조절하는 개념 자체가 없는 기간이다. 상상계에 있는 유아(주체)는 대상에 완벽하게 일체화될 수 있다고 믿는다. 그러나 상상계는 시각적인 이미지에 의존하며 나르시시즘 적이다. 그러므로 주체와 객체, 자신과 외계 간에 뚜렷한 구분이 불가능하다.바로 이것이 라캉의 문제의식(거울이론)이 시작되는 지점이다.

일반적으로 상상계에서 유아는 아직 자신과 타인의 이미지를 구분하지 못한다. 상상계에 있는 주체는 대상에 완벽하게 합일될 수 있다고 믿는다. 유아는 어머니조차 자신과 동일시한다. 상상계에서 느끼는 자아는 결핍을 느끼며 분열되고 나

14

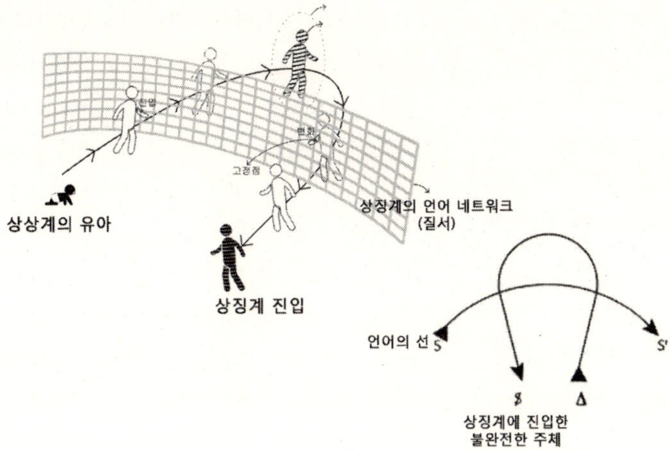

르시시즘으로 자아 정체성의 혼란을 겪게 된다. 따라서 상상계에서 모든 것은 시각적인 이미지의 차원에서 이루어진다. 거울 속에서 보여지는 자신의 이미지가 허구임을 인지하고 거울속의 다른 사람들의 이미지 역시 다른 것임을 깨닫게 되면서 유아는 상상계에서 상징계로 진입하게 된다. 그러므로 라캉에게 있어서 상상계는 어설프고 미숙한 초기의 단계로 그려지며 부정적인 단계로 그려지고 있다. 상상계에서 유아 자신이 원하는 대로 차이를 느끼지 않고 동일시하기 때문에 체스로 비유했을 때 유아는 체스의 말에 왕이든, 병졸이던 왕비이든 원하는 대로 규칙을 만들고 역할을 붙일 수 있다. 그것은 상징계에서의 규칙이 무시되는 지경인 것이다.

유아는 혼동의 시간을 거치면서 이미지가 진정한 자신이 아님을 깨닫게 된다. 이 과정에서 유아는 최초의 자아의식이 싹트게 되는데 이것을 '근원적 나르시시즘'이라고 한다. 이렇게 최초에 자신이라고 오인했던 관념이 자아(Ego)이고 언어의 세계(상징계)에 진입하면서 만들어지는 나의 개념이 주체이다. 상징계에서의 주

14. 상징계의 진입과정

체는 사회에서 규정된 관계에서 만들어진다. '나' 라는 사람은 사회에서 어느 직책, 누구의 남편, 누구의 아빠, 동창회에서의 '누구' 등으로 호명될 것이다. 유아는 자신이 어머니와 하나의 몸으로 동일시되다가 파열되는 고통을 맛보고 세상에 던져지면서 온전한 자신이 파괴되었다고 생각한다. 유아는 자신의 모습을 거울에서 발견하면서 희열을 느낀다. 그러나 곧 자신의 모습은 어머니와는 다르며 아버지의 존재로 인해 동일시 될 수 없다는 것을 알게 된다. 처음으로 상징적인 사회적 관계에 의한 금기와 만나게 되는 것이다. 유아는 '아버지의 법' (남근phallus)이라는 상징적 금기체계를 인지하면서 영원히 채워지지 않은 욕망이 떠돌아다니게 됨(결여)을 경험하게 되는 것이다. 어머니와 동일시하고자 했던 욕망이 금기화 된다는 것은 어머니만의 남근이었다가 남근이기를 포기한다는 의미이며 상징적 거세이다. 그렇게 되면, 그 자리를 유아는 포기하면서 금기되는 욕망의 결여(틈새)가 생겨나게 된다. 상징계로 들어가는 과정에서 만들어지는 기표로서의 '나' 라는 온전한 정체성은 존재할 수 없는 기표이므로 부재나 결여의 기표가 된다. 다시 말해, 처음에 어머니와 동일시 하고자 했던 유아는 어머니를 소유하고 한 몸이고 싶어 하며 어머니에게 결여되어 있는 남근이 되고 싶어 한다. 그러나 상징적 관계인 아버지라는 대상으로 인해 이러한 욕망은 거세된다. 결합하고자 하는 욕망은 금지되며 지워지고 억압되면서 주체의 결여현상이 나타나게 된다. 그래서 그래프에서 $는 결여되어 있는 주체, 온전하지 못한 주체(Subject)이다. 그래프는 상상계에 속하여 있던 유아가 처음으로 아버지의 법을 인지하게 되는 과정이다. 이 상징적 거세를 통해 주체에게는 메울 수 없는 틈새(결여)가 생겨난다. 그러므로 주체가 되었다는 것은 거울단계에서 아이가 가정했던 정체성을 포기한다는 것을 의미한다.

–상징계(le symbolique)-언어계

상징계는 언어와 문화로 이루어진 보편적 질서의 세계이다. 달리 말해 언어학과 기호학이 다루는 영역의 질서체계로 볼 수 있다. 그것은 게임의 규칙과 같은 것으로, 체스나 장기의 말이 규칙에 따라 움직이는 사회가 구성되고 운영되는 법칙과 같이 상징적 차원을 의미한다. 따라서 상징계는 근본적인 타자성의 법과 관련된 영역이다. 근본적인 문제로 인해 상상계와는 달리, 상징계는 진입하면서 질서의 체계에 순응하기 위해 일정부분 희생을 전제하게 된다. 유아는 언어의 세계인 상징계에 진입하면서 어머니의 존재 이외에 상징계를 지배하는 법칙인 '아버지' 라는 금기(팔루스, Phallus)로서의 법칙에 대해 인지하게 된다. 여기서 아버지라는 금기로서의 존재는 남성의 성기나 실제로 아버지를 의미하는 것이 아니라 어머니와 상반된 질서체계의 상징적인 금지의 의미로서의 모든 체계를 의미한다. 그것은 욕망을 규제하는 법의 영역이므로 우리는 쉽게 금기와 관련된 오이디푸스 콤플렉스를 떠올릴 수 있을 것이다. 그래서 상징계는 삼자(三者) 구도가 형성된다. 아버지의 법은 아이와 어머니의 탄탄한 이자관계를 허물어뜨린다. 어머니와 유아만의 한 몸 관계(이자二者관계)에서 아버지의 '법' 이 끼어 들어오게 된다. 유아는 어머니를 욕망하는 것과 어머니가 자신의 욕망의 대상이 되는 것이 더 이상은 지속될 수 없고 금기화 된 것이라는 것을 깨닫는다. 즉, 상호 주체적 관계가 항상 제삼자인 대타자에 의해서 중재되기 때문이다. 결과적으로 라캉의 상징계는 주체를 가능하게 해주는 이론이라고 볼 수 있다.

자신과 어머니가 일체화된 존재라고 생각했는데 금기라는 법칙을 고통스럽게 받아들여야만 한다는 것을 깨달으면서 비로소 유아는 상징계에 진입하게 된다. 유아는 어머니를 욕망하는 것을 아버지의 법칙으로 변환시킨다. 라캉에게서 자주 등장하는 남근(Phallus)의 의미는 문자 그대로의 생체적 성기를 의미하는 것이 아니라 바로 이러한 아버지로서의 상징이자 근엄한 법체계, 혹은 규칙을 의미하는 것이다. 이것을 단순히 섹슈얼한 성기 자체로 오해하는 것은 곤란하다. 기존의 질서로 형성되고 운행되는 언어의 상징체계는 유아가 그대로 받아들여야하는 강압적인 영역이다. 강압적으로 적응되는 과정에서 무의식과 욕망이 잔여물로 남게 된다. 이 과정에서 어린이는 의사소통이 가능해지고 언어의 세계가 지배하는 사회로 진입하게 된다. 일반적인 현실세계를 라캉은 상징계라고 본다. 또한 라캉은 소타자, 대타자를 구분한다. 소문자o(other) 타자는 항상 상상적 타자이다. 이것은 우리 자신의 자아 안에 있는 또 다른 자아를 가리킨다. 그러나 대문자 O(Other)로 표기되는 대타자는 상징적 질서체계나 다른 주체를 가리킨다. 법체계는 그 자체가 대타자이다. 제삼자로 끼어들어오는 것이기 때문이다.

유아는 언어로 부모와 소통함으로써 자신의 기본적 욕구가 해결될 수 있다는 것을 깨닫게 된다. 그러나 유아는 자신의 욕망을 사회적 언어로 구조화시켜 표현하지만 언어만으로는 무언가 부족한 것을 느낀다. 처음에 유아가 엄마를 부르면 대부분의 욕구가 해결되는 것을 경험하면서 상징계에 들어서게 되고 이후에는 자신의 욕망을 사회적으로 약속되어 있는 기호와 사회적 언어로 요구하게 된다. 그러나 언어 밖의 무의식의 욕망을 정확하게 만족시킬 수는 없다. 우리에게는 타자가 욕망하는 것을 욕망하는 무의식적 차원의 욕망(비싼 차, 집, 성적 욕망, 아름다운 여자, 명예욕 등)의 상징적 차원과 그것으로는 해결하기 힘든 다른 차원(예를 들면, 어머니를 취하겠다고 하는 욕망)의 욕망의 세계가 있음을 우리는 감지하고 이해할 수 있을 것이다.

—실재계(le réel)-욕망의 차원

실재계(the real)는 상상계의 상태에서 상징계로 진입한 이후 미처 진입하지 못한 잔여물의 세계이다. 실재계는 주체 바깥에(이면에, 수면 아래 무의식의 세계) 존재하는 세계이다. 그것은 존재로서 환원 불가능하지만 현존하는 비가시적 세계이다. 라캉이 정의하기로는 실재계는 언어 체계인 상징계에 진입하면서 방출된 대상a(오브제 아)들이 등록되는 장소다. 상징계에서는 볼 수 없지만 상징계를 위협하는 쾌락의 요소들이 등록되어 있는 곳이다. 실재계를 체스로 비유하면 게임의 규칙 이외의 요소가 게임에 중요한 요소로 작용할 수 있는 심리적 요소들이나 경기 외적 요소들을 의미한다. 그것은 겉으로 보면 표출되지 않지만 계속해서 신호를 보내고 있으며 체계화된 상징계의 이면에서 끊임없이 위협하고 존재하는 무엇(쾌락)이다.

특히 주목해야 하는 부분은 바로 이 점이다. 눈에 보이지는 않지만 눈에 보이는 현실을 만들어내는 수면 아래의 혹은 이면의 세계, 그 세계가 구조화 되어 있고 눈에 보이는 현실의 많은 것들에 영향을 미치고 결정하도록 조종하는 역할을 한다는 것이다. 실제 세계가 작동하는데 있어서 더 많이 영향을 끼치는 세계가 어찌 중요하지 않겠는가? 창조분야 역시 심리에 있어서 무의식의 영역이 매우 중요하다. 그것이 결국 다른 창조자들과 다른 정체성을 만들어내는 원천이 되기 때문이다. 그런 면에서 실재계를 이루고 있는 요소들과 그것들이 구조화시키는 무의식의 심리적 체계를 이해하는 것은 매우 중요하다.

건축은 기능만을 만족시키면 끝나는 것이 아니다. 심미적, 인간의 심리, 의식과 무의식적 사항, 행동양태, 욕망, 건축주의 요구사항, 시대정신, 기술력 등을 종합적으로 만족시켜야 한다. 따라서 과거의 건축으로 대표되는 기존 건축과 유형에서부터 의식과 무의식이 포함된 요구사항 등이 적절하게 해결된 형태와 공간으로 제시되어야 한다. 그것은 일정부분 실재계의 욕망이 적절하게 상징계의 차원으로 드러나거나 만나거나 이행되어야 함을 의미한다. 라캉의 욕망이론은 이렇게 건축의 드러난 차원(상징계)이 아닌 이면의 차원에 대해서 인문학적인 관점으로 분석을 수행할 수 있도록 만들어 주었다. 라캉은 건축에 있어서도 체계적으로 실재계의 메커니즘이 건축적으로 드러날 수 있고 담론화될 수 있는 통로를 열어주었다는 점에서 중요한 철학자라고 할 수 있다.

1006 실재계의 대상a와 향유(주이상스)

앞서, 실재계(the real)는 상상계의 상태에서 상징계로 진입한 이후 미처 진입하지 못한 잔여물의 세계임을 살펴보았다. 그것은 존재로서 환원 불가능하지만 현존하는 세계로서 계속해서 신호를 보내고 있으며 체계화 된 상징계의 이면에 존재하면서 끊임없이 위협하는 무엇의 영역임을 언급했다. 인간은 상상계의 직접적인 2차 관계의 혼돈(거울보기 단계)으로부터, 절대적인 타자가 주재하는 언어 네트워크의 세계인 상징계로 이동해 언어를 매개로 한 의사소통이 가능해진다. 이러한 상징계, 즉 언어의 세계를 받아들임으로써 인간은 비로소 주체성을 형성할 수 있게 된다. 따라서 일단 상징계에 들어간 '나' 가 언어(의미)를 거부하고 자신과 외부와의 관계를 잃는 경우, 주체는 외부뿐만 아니라 자기 자신 역시 잃어버릴 수밖에 없을 것이다. 그것이 바로 정신분열증이다. 상징계에서 모든 개체는 자신만의 주체성을 형성하며 살아가게 된다. 주체가 탄생하면서 상상계의 단계와는 달리 무언가 채워지지 않는 간극을 포함하게 되고 그 간극에 존재하는 것이 '대상a' 이다. 대상a는 소거되기 이전(상징계 진입 전)의 완전한 주체(S)에의 향수라고 할 수도 있으며 구멍이 생긴 것 사이에 채워져 있는 보충물로 언급될 수 있다. 그것은 상징계속에서는 볼 수 없는 구멍이자 눈으로 볼 수 없으나 현존한다.

한편, 언어의 상징성 밖에 존재하는 순수 욕망이 바로 향유(주이상스) 개념이다. 근원적인 욕망은 항상 언어의 체계에 의해 방해를 받는다. 언어의 상징성 밖에 존재하는 순수욕망이 바로 향유(주이상스) 개념이며 우리는 실재적인 욕망에 귀를 기울일 필요가 있다. 그러나 우리는 그것보다는 타자의 욕망과 상징을 취하려고 한다. 세상적인 가치의 좋은 집, 좋은 차, 멋진 여성 등(기호들)... 그러나 우리는 라캉의 상징계에 얽매여 있는 욕망에 갇혀있다. 그러나 세상의 기표 혹은 세상의 타자가 욕망하는 것을 욕망하지 말고 근원적으로 자신이 욕망하고자 하는 실재적 욕망에 귀 기울여 보라고 라캉은 강조한다.

상징계로 대표되는 언어구조의 이면, 언어구조로는 표현할 수 없는 잔여내지는, 결여되어 있는 무언가가 바로 대상a와 향유(주이상스)의 개념이 된다. 우리의 근원적 욕망은 항상 언어에 의해 결핍되는 부분이 존재한다. 우리가 5권에서 살펴본 바와 같이 라캉과 지젝의 근본적인 사유의 시작은 데리다의 사유와 매우 유사한 지점을 공유한다. 데리다는 우리가 무언가 표현하고자 하고 욕망하고자 하는 것을 언어로 표현하는데 있어서 특히 '글쓰기'에 있어서 결핍이 있다는 문제를 제기한다. 차연의 개념과 같이 글로 쓰는 그 순간 언어구조의 근본적인 문제로 인해 진정한 욕망의 의미전달이 지연되고 차이가 생길 수밖에 없음을 지적한다.[9] 따라서 언어구조와 언어체계 자체를 해체하여 다시 생각하자는 것이 데리다 사유의 출발점이다. 이를 위해 그가 주장하는 중요한 방법론은 '미래완료적 글쓰기'이다. 글쓰기의 행위를 하는 순간 과거가 되며 의미전달이 지연되는 문제점이 되풀이되므로 '미래완료'와 같은 '불가능해 보이는' 방식으로 '온전하게' 그리고 '제 때에' 욕망을 드러낼 수 있는 방식이 필요하여 새로운 글쓰기를 시도하자는 것이다. 이것이 80~90년대 해체주의 건축의 표현양상으로 실험되었던 문제의식이다. 마찬가지로 라캉은 언어구조의 이면에서 남아 결핍되어 있는 근본적인 욕망에 대해서 주목하라고 주장한다. 좋은 집, 멋진 차, 아름다운 여자 등의 기표에 마음을 빼앗겨 상징계에 얽매이게 되면 자신의 근본적인 실재적 욕망에 귀 기울이기 힘들어지기 때문이다. 즉, 욕망이 결핍된 것에 주목하여 관심을 갖게 된다면 문제해결에 다가설 수 있다는 것이다.

1) 대상a[오브제 아]

상상계로부터 상징계로 진입한 유아는 아버지의 법으로 인해 금기의 세계를 인지하게 된다. 유아의 어머니를 차지하고 싶은 욕망은 좌절되며 상징계의 언어구조 이면으로 말할 수 없는 것의 결핍된 것으로 침잠한다. 상상계에서 상징계로 진입하면서 좌절된 욕망은 결핍되면서 자신의 분열을 메울 수 있는 무언가 대상을 갈구하게 되는데 그것이 바로 '대상a'라는 개념이다. 그것은 '근원적인 결핍을 경험하는 주체'를 의미한다. 대상a는 어머니와의 완전한 일체를 추구하는 유아의 대용물인 것이다. 유아는 어머니의 따뜻한 품, 따뜻한 가슴을 원한다. 따라서 인간은 무언가 대용물로서 특정부분 혹은 특정 대상에 집착하는 특성을 보이게 마

9) 차연: 데리다가 해체주의 개념에서 독자적으로 만들은 개념어이다. 'differance(디페랑스)'는 프랑스어 'difference(차이)'의 어미 '-ence'를 '-ance'로 바꾸어서 만든 것이다. 다르다(differ)와 지연시키다(defer)는 의미를 동시에 지닌 단어로 설정했다. 글쓰기의 부족함을 드러내기 위해 만든 개념으로 언어의 의미작용의 연쇄 속에서 하나의 대체 가능한 언어해석으로부터 다른 해석으로 지연되게 되는데 이를 극복하기 위해 데리다는 미래완료적인 글쓰기를 제시한다.

련인데 이러한 부분대상적인 특징이 대상a이다. 그러나 대상a 자체는 욕망하는 대상 자체가 아니기 때문에 욕망을 근본적으로 만족시켜줄 수는 없고, 대상a 자체도 결국 완전하게 욕망을 만족시켜 줄 수 없기 때문에 여전히 또 다른 잔여물로서의 또 다른 욕망이 남게 된다. 그러한 양상은 마치 기표와 기의의 끊임없는 미끄러짐과 같다. 라캉은 이러한 현상을 가리켜 '욕망의 대상은 없다' 고 말한다. 페티시즘과 같이 무언가 특정 대상에 집착하고 형태를 달리하여 집착하는 대상이 계속해서 바뀌는 것이 바로 이렇게 결핍이 반복되고 이를 채우기 위한 행위가 끊임없이 되풀이 되는 대상a의 양상이다.[10]

15

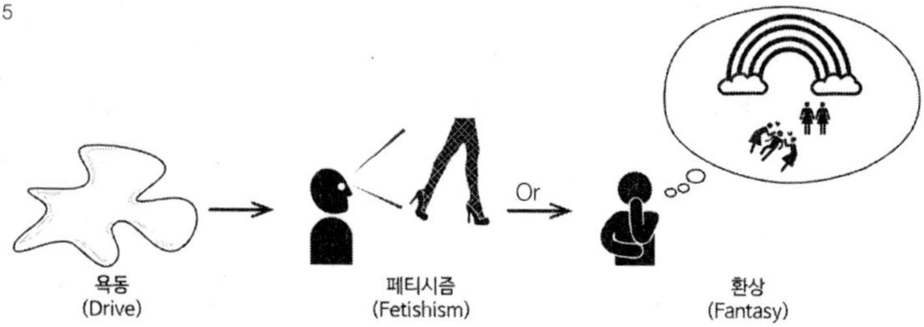

기표와 기의의 관계로 의미화 되는 과정에서 그러한 욕망은 끊임없이 미끄러지면서 공백과 결핍이 생긴다. 그러한 공백과 결핍을 메워주는 역할을 하는 것이 바로 '환상' 이다. 그러나 환상은 근본적인 해결책이 될 수는 없다. 공백과 결핍을 메워주기 위해 채울 수 있는 이미지를 주기는 하지만 욕망하는 그것 자체는 될 수 없기 때문이다. 현실과 혼동되는 이미지의 환상은 그래서 실재계 사이에서 중계역할을 한다. 실제로는 충족될 수 없지만 충족되는 듯한 착각을 불러일으키게 하는 것이 바로 환상인데 대상a는 채울 수 있는 듯하면서 결국 채울 수 없는 구멍과 결핍을 강조한다. 그것은 마치 밑 빠진 독에 계속해서 물을 부어주는 행위와 유사하다. 그것은 남근이라는 금기에 의해 좌절된 욕망이 환상으로 전환되어 끊임없이 메워주고자 하는 행위와 욕망이 자체적인 운동을 일으키는 과정에서 나오는 것이다. 주체는 '대상 a' 를 통하여 상징계에 존재하게 된다.

15. 대상a와 페티시, 환상

10) 페티시즘(Fetishism), 숭배의 대상이 되는 자연적, 인공적인 대상을 의미하는 것으로 현대에는 물신화되어 숭배하는 대상을 가리킨다. 특히 성적인 측면에서 자신의 성적인 욕망을 어떠한 물적 대상에 집착하는 것으로 대체되는 것을 의미한다.

2) 향유(주이상스)

주이상스는 '향유' 라는 개념으로 번역되며 언어의 체계 바깥에 결핍되어 남아있는 잔여물의 개념이다. 그것은 억압되어 표현되지 못하고 실재계에 남아있는 것이다. 마치 보이지는 않지만 존재하는 유령의 존재처럼 우리의 무의식속에 잔여로 남아있고 결핍되어 있는 것이다. 무의식의 주체는 상징계를 통과하면서 상징계에 걸리지 않는 잔여물을 남기게 된다. 불충분한 쾌락의 너머에 우리를 만족시키고 채우게 되는 그 이상의 무언가가 바로 향유이다. 무언가 채울 수 없기 때문에 저 너머에 만족시킬 수 있는 향유의 차원의 무언가가 있다고 가정하는 것이다. 그러나 그것은 가시적으로는 존재하지 않는 것이다. 그것은 우리 관념 속에서 그런 것이 존재할 수 있을 것이라고 생각하며 지속되고 외부에 존재하는 것이다. 환상은 실재계에 존재하는 채워지지 않는 욕망과 저 너머 어딘가에 채울 수 있는 무언가가 있을 것이라는 향유(주이상스)의 바람과의 타협으로 만들어지는 결과물이다. 그러나 그것마저 결국은 채울 수 없는 것이다. 기표와 기의의 끊임없는 미끌어짐같이 기표를 바꾸어가며 욕망의 결핍을 채우려고 방황하게 된다. 인간은 근본적으로 채워질 수 없는 욕망을 채우기 위해 대상을 바꾸어가며 방황하는 존재이다. 그것은 언어의 환유의 작용과 매우 유사하다. '고통속의 쾌락' 이라는 이중적인 의미의 개념이 바로 향유(주이상스)이다. 유사하게도 그것은 죽음과 삶이

16. 향유의 개념

동시에 존재하는 모순적인 개념이다. 그것은 마치 좀비와 같이 죽었지만 살아서 돌아다니는 존재이다. 쾌락의 극한은 극한의 고통과 연계되며 그것은 프로이트가 말하는 죽음의 충동 개념과 연계된다.

3) 은유와 환유의 언어구조

결핍으로서의 욕망을 라캉은 '$ ◇ a' 라는 도식으로 표현한다. '$' 는 분열된 주체이고, 'a' 는 욕망을 불러일으키는 타자(대상a)이다. '◇' 는 분열된 주체와 가상적 타자 사이의 틈새를 의미한다. 그 틈새는 벌려져 있어서 절대로 간극을 메울 수 없다. 틈새는 앞서 논의한대로 기표와 기의의 끊임없는 미끄러짐과 같이 절대로 완전하게 만족될 수 없는 틈새를 의미하는 것이다. 우리는 타협점으로 유사한 욕망의 대리적인 대상인 환상을 만들거나 끊임없이 욕망의 대상이 대체되면서 대체물을 찾아 헤매며 움직이게 된다. 자기 자신의 욕망을 다른 것으로 치환하여 환상으로 표현하는 것은 은유(메타포)가 된다. 또한 유아가 어머니의 완전한 합일을 이루는 남근이 될 수 없음을 깨닫고 남근의 대체물로서 찾게 되는 것이 바로 환유이다. 은유와 환유는 언어구조에 있어서 대표적인 치환의 구조를 이루는 법칙이다. 건축에 있어서도 환상과 대체물로서 표현할 수 있기에 언어구조의 은유와 환유는 표현의 자유로움과 확장을 위해 중요하다.

라캉의 사유는 10권의 내용에서 이론적으로 가장 중요한 위치를 차지하고 있다. 정신분석학의 지평을 확립한 프로이트로부터 영향을 받은 정신의 영역을, 라캉은 언어학적인 측면으로 무의식을 분석하기 시작하여 인류 공통으로 구조화된 것으로 확대하여 연구를 진행했다. 무의식의 언어적 구조화는 건축에 있어서도 매우 중요하다. 건축구축방법론tectonic은 결국 언어구조의 짜임과 매우 유사하게 구조화(텍토닉) 과정을 보이기 때문이다. 욕망이론이 중요한 것은 눈에 드러나는 언어적 구조의 형식뿐만 아니라 그것을 본질적으로 만들어내는 심리내부의 메커니즘에 대해 탐구하며 메스를 가하고 있기 때문이다. 그러한 내용은 일반적인 건축구축방법론의 형식을 넘어 차원 높은 영역으로 접근할 수 있는 기회를 제공함과 동시에 영역이 확장됨을 의미한다. 정신분석학의 계보는 이전에 말할 수 없었던 영역이 점차 이해가 확대되고 분석이 가능해지는 영역이 늘어남을 의미하므로 중요한 연구라고 할 수 있다. 앞으로 살펴보게 될 지젝의 경우, 방법론에 있어서 라캉의 이론을 적극 활용하면서 사회전반의 여러 영향들이 겹쳐지며 만들어내는 실재계가 드러나는 사건에 주목하여 사회심리와 연계하여 비판한다. 그것은 정확하게 사회속의 건축적 사건, 도시건축의 드러남과 생성의 메커니즘과 일치한다.

지젝의 철학사유

슬로베니아 출신의 철학자 지젝은 라캉을 새로운 시각으로 독해하며 또한 정치, 사회, 대중문화, 예술, 사회 전반의 현상들을 자신이 철학적 시각을 접목하여 논평하고 이론화시키는 것으로 유명하다. 그는 시사적인 정치 사건이나 대중문화 현상을 융합시켜 분석하면서 철학적 사유의 지평을 넓혀가고 있다. 그의 대표적인 저서 『이데올로기의 숭고한 대상』은 라캉의 시각으로 '주체형성' 의 과정에 주목한다. 그는 십대시절부터 할리우드 영화와 탐정소설 등의 대중문화에 열광적으로 관심을 보였고 대조적으로 조국의 문학과 문화에는 혐오적인 감정을 가지고 있었다. 지젝 작업의 기저에는 '정신분석학적인 이데올로기론' 의 구성이라는 주제가 자리 잡고 있다. 『이데올로기의 숭고한 대상』1989에서부터 『부정적인 것과 함께 머물기』, 『이데올로기의 유령』1994, 『나눌 수 없는 잔여』1996나 『까다로운 주체』1999 등에 이르기까지 지속적으로 알튀세르의 이데올로기론을 비판하고 라캉주의적인 관점에서 이를 개조하거나 변형하려고 시도해왔다.

1007 지젝 사유의 형성 배경

지젝은 철학, 정치학, 정신분석학에서 학문적 영향을 받았는데, 철학은 헤겔로부터, 정치학은 마르크스, 정신분석학은 라캉으로부터이다. 지젝은 변증법이라는 사유의 형식 혹은 방법론에 있어서 헤겔로부터 영향을 받는다. 헤겔은 서구 관념론의 전통에서 정점에 도달한 독일 철학자이다. 또한 실천적인 부분에 있어서는 마르크스로부터 영향을 받는다. 그것은 또한 이데올로기 비판과 연계된다. 지젝의 헤겔 독법에서 변증법은 결코 완전하게 해소되지 않는다. 이러한 것들을 분석하는 틀과 개념용어로 사용하기 위해 라캉의 정신분석 이론을 사용한다. 그는 상징계와 실재계의 개념에서 이 접속지점에 주체 개념을 위치시키고 그것을 다각도로 분석한다. 지젝에게 특히 중요한 것은 상징계와 실재계의 개념이다. 지젝은 주체를 이 두 세계의 접속지점에 위치시킨다. 헤겔과, 마르크스, 라캉의 세 명의 철학자들의 사유 속에서 주체를 탄생시키는 것이다. 그는 셸링, 알튀세르, 바이닝거들을 등장시키며 포스트모더니즘과 근대와 탈근대를 비판하면서 대중문화의 정치현상을 통해 게릴라와 같이 독특한 방식의 비판을 가하고 있다.

17

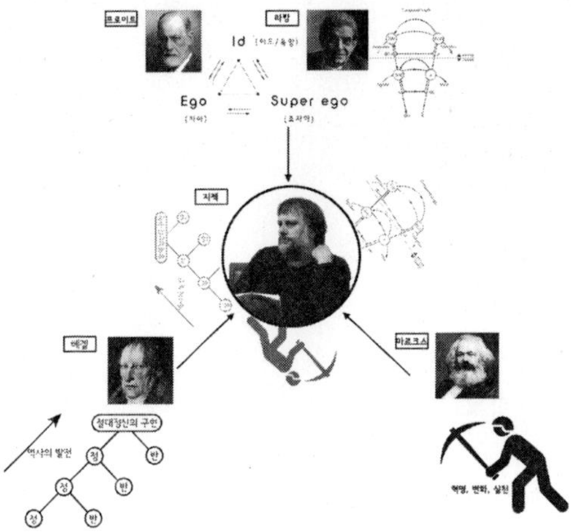

1) 헤겔의 사유의 방식 접목

후기구조주의의 연장선상에 있는 철학자는 욕망의 카오스라는 바다에 떠 있는 구조를 뚫고 나와 변형시키거나 침범할 수 있는 욕망의 특성에 대해서 집중한다. 따라서 상당부분 후기구조주의 철학으로 분류되는 철학자들은 당파적으로는 기존 체제를 전복하여 새로운 체계를 세우고자 하는 극좌파적 특성을 보이게 마련이다. 지젝은 이러한 사유의 특성을 지니고 있으면서도 그의 사유를 다시 계몽주의의 이성적 자리로 위치시킨다. 이른바 헤겔 복권주의적인 시각이다. 그는 정신분석학의 시각으로 헤겔을 다시 독해하면서 상품의 물신성, 고정점 등의 라캉의 개

17. 지젝 철학의 형성배경

념도 독해한다. 또한 정신분석학자 라캉을 관념론의 연장선상에 있는 인문학자로 간주하여 헤겔식으로 독해하는 방법을 사용하면서 변증법의 특성상 긍정적인 것과 부정적인 것을 통합시킨다. 이는 동시에 배제하고 포함하는 특성으로 세계의 현상을 바라보며 라캉의 이론을 헤겔식으로 마르크스를 라캉 식으로 할리우드 대중문화나 사회현상을 라캉 식으로 해석하는 복합적인 방식을 즐겨 사용한다. 그는 다른 체계의 방식들을 마치 패치워크를 짜듯이 서로를 넘나들면서 해석하기도 한다. 즉 직접적인 메스를 가하는 방식이 아니라 짜깁기를 해나가면서 서서히 진실이 드러나게 만든다.

2) 마르크스의 실천이론 접목

지젝은 사회를 무의식적으로 이끌어 나가는 혹은 때때로 호도하는 이데올로기를 비판하기 위해 헤겔의 변증법 이론을 차용하여 분석도구로 쓴다. 또한 마르크스의 이론을 비판 작업을 통해 세계를 이해하는 방법을 변화시킴으로써 실제로 변화를 실천할 수 있는 인식의 전환을 가져오는 방법을 사용한다. 지젝은 경제적 토대 위에 작용하는 정치, 법률, 문화, 사회전반의 내용들이 작용하는 상부구조 혹은 관념, 문화 등의 상호 연계과정에서 작동되는 이데올로기에 대해서 사유한다. 이데올로기는 알지 못하는 가운데 행하는 부조리하고 부정확한 사고방식이라는 전제에서 시작한다. 그것은 현실의 왜곡이라기보다는 현실의 해석방식이다. 마치 색안경을 끼면 색안경의 색을 통해 세상을 바라보게 되는 것과 같이 우리의 인식과 관계된다. 지젝은 세상을 바라보는 개인과 사회와의 관계를 이해하는 방식이 바로 이데올로기라고 주장한다. 그는 부조리한 것과 무의식의 심연과 작동하는 이데올로기적 관계들을 비판하고 다시 재고하여 변화시키려고 사유의 전장으로 유도하여 세상을 변화시킬 수 있는 실천적 사유를 강조한다.

3) 라캉의 정신분석학 접목

지젝은 정치학, 철학, 문학, 과학, 종교로 분석을 확장한 라캉의 정신분석학을 분석의 이론적 도구로 사용한다. 이를 위해 참고사례를 친숙하거나 때로는 저속한 것까지도 포함한 대중문화의 요소들을 사용함으로써 라캉의 분석을 더욱 발전시켰다고 볼 수 있다. 그는 라캉의 정신작용 전체를 분류할 수 있는 세 가지 질서 즉, 상상계, 상징계, 실재계의 개념을 차용한다. 특히, 지젝은 라캉의 실재계의 개념을 자기화하여 사회적인 요소들과 함께 중점적으로 분석하여 변화의 실천을 이끌 수 있도록 하고 있다. 지젝은 상상계는 부정적인 것으로, 상징계는 긍정적인 것으로, 실재계는 숭배의 영역으로 간주한다.

주체는 상징계로 진입하면서 필연적으로 소외를 경험하게 된다. 사람들은 기표와 기의의 끊임없는 미끄러짐과 같은 상황과 관계에 따른 기표로서 나를 인식하고 판단한다. 내가 진짜 그런 속성의 사람인지 어떤지는 중요한 것이 아니다. 기표로서의 사회적 위치와 관계만이 중요할 뿐이다. 따라서 주체는 본질적으로는 '소외된 주체' 로 살아갈 수밖에 없다. 알튀세르는 라캉의 이론에 영향을 받아 이데올로기 론을 전개했다. 지젝은 마르크스가 말하는 관념적 허위의식에서 더 나아가 이데올로기 자체는 국가장치에 의해 구체적인 물질성과 생산관계의 재생산이 이루어진다고 본다. 다시 말해 구체적인 물질성을 획득하는 것이다.

지젝은 라캉의 상징계보다 라캉이 강조하는 실재계에 주목하여 자신의 이론을 전개해나간다. 또한 상징계의 기표들의 차이가 벌어지는 것과 함께 빈 틈(구멍)과 결핍이 존재함도 주목하면서 주체뿐만 아니라 대타자 역시 무언가를 결핍하고 있다는 점을 강조한다. 대타자가 요구하는 상징적 정체성의 극복가능성과 대결하는 것이다.

실재계는 주체와 기표의 갈등 속에 남은 찌꺼기, 잉여, 결핍, 빈 구멍으로 이야기할 수 있다. 그곳은 대타자와 주체가 욕망했지만 억압과 금기에 의해 상징계에 진입하지 못한 것들이 보이지는 않지만 존재한다. 대타자와 주체가 동일성을 획득하는데 문제가 있으므로 그것을 메워줄 대상으로 환상이 필요하게 되고 그것은 주체와 대타자의 결핍을 일시적으로 메워주는 역할을 하지만 완전할 수 없다. 또한 일시적으로 메꾸어 주므로 결핍을 은폐하는 시도로도 볼 수 있다. 따라서 그것은 사회에서 실재할 수 없는 핵심을 감추는 유령과 같은 것이다. 이데올로기는 사회적 상상계로서의 역할을 수행한다. 이처럼 이데올로기는 사회에서 상징계로서는 온전히 드러낼 수 없는 것들이 역설적으로 도피처처럼 불가능의 영역으로 존재하며 결핍되어 남아있는 실재를 드러내는 것이기 때문이다.

지젝의 철학은 항상 부정어법을 사용하여 의문을 제기한다. 특히 독자들의 관심을 유도하기 위해 접근성이 좋고 관심이 많은 저속한 대중문화의 사례까지도 사용하여 철학에 접목시켜 언급함으로써 철학을 더럽힌다는 비판을 받기도 한다. 그것이 역설적으로 오히려 철학을 구해내는 역할을 하고 있다고 보는 시각도 있다. 이런 과정에서 그는 진실의 구멍을 드러내는 부정어법을 사용하면서 그의 주장을 공식화 한다. 지젝은 라캉을 설명하며 다음과 같이 언급한다. '프랑스, 독일, 영국의 화장실은 결국 세 가지 실존적 태도를 표현하는 방법이 아닌가? 독일의 화장실은 반성적 철저함을, 프랑스 화장실은 혁명적 조급함을, 영국의 화장실은 공리주의적 실용성을 표현해주지 않는가? 계급체계의 3원성을 파악할 때 우리는 라캉의 상상계, 상징계, 실재계를 다루고 있는 것이 아닌가?' 라는 식이다.11)

1008 상상계, 상징계, 실재계의 변증법과 주체 개념

어떠한 영역에 들어가고자 하면 진입장벽이 있게 마련이다. 진입장벽이 있다는 것은 달리 말해 고통을 감수해야함을 의미한다. 인간 역시 욕구만이 존재했던 유아에서 합리적 이성과 규칙이 지배하는 언어의 세계로 진입하기 위해서는 통과의례의 고통이 수반되기 마련이고 그 과정에서 욕망의 많은 부분을 억압하여 언어의 세계라는 규칙에 자신을 길들여야만 한다. 라캉의 이론에서 살펴보았듯이 상징계(언어계)에 진입하지 못하고 남게 되는 차원인 실재계와 실재계에 등록되는

11) 토니 마이어스, 누가 슬라보예 지젝을 미워하는가, 박정수 역, 앨피, 2012, p26

환상과 대상a는 무의식이 작동되는 세계이며 동시에 의식의 세계에 막대한 영향을 미치는 차원이다. 이러한 세계에 집중한 지젝은 실재계를 가장 중요한 차원, 숭배의 차원까지 끌어올린다.

지젝은 실재계가 활발한 변증법의 활동무대라고 생각한다.
상상계는 모순적인 항들이 사이좋게 공존할 수 있는 영역이다. 상징적인 것들은 모순적인 것들이 사회적 관계 속에 구분되며 변별되는 영역이다. 상징계는 실재계에 대해 구분 및 구별하기 위해 절단하고 분절하면서 작용한다. 상징화에 적용되지 않는 분절화의 순간에 집중하면 우리는 실재계를 확인할 수 있을 것이다. 즉, 실재계는 상징계에서 분절과정을 거치고 남은 잔여물이 있는 공간인 것이다. 그래서 상징화가 진행되고 난 이후에 후차적으로 실재계가 생성된다. 상징계의 그물 속에 진입하면서 진입하지 못한 혹은 상징화에 저항하는 잉여물, 잔여물이 남는 공간인 것이다. 그만큼 상징계와 실재계는 서로 내밀하여 뗄 수 없는 관계로 결부되어 있다. 앞서 언급한 환상이나 대상a의 요소들은 실재계에 있는 잉여나 결핍된 것의 잔여물들이 환상을 만들어내면서 상상계의 매끄러운 작동을 방해할 수 있는데 이러한 것은 실재가 상상계의 작동을 방해하는 지점으로서 외상(트라우마trauma)12)이라고 한다.

지젝은 코기토가 주체의 토대라고 생각한다. 근대의 철학자들은 주체를 이성적으로 통제할 수 있고 실체를 가진 것으로 생각했다. 그러나 그는 주체를 세계의 나머지 부분이 축출될 때 남게 되는 텅 빈 공간으로 설명한다. 텅 빈 공간은 사회의 네트워크화와 법으로서의 사회적 관계 속에 진입하여 주체화 되면서 채워진다. 사회적, 상징적 네트워크 속에서 주체는 자신의 자리를 부여받게 되고 때로는 동일성에 포섭되기도 한다. 또한 상징적 질서체계의 주체가 실재계의 잔여물과 사회 이데올로기로 작동하는 것들 사이에서 어떻게 변증법적 작용을 통해 사회의 일원으로 주체화되어 가는지에 대한 메커니즘에 대해서 집중하고 있는 것이다.

12) 트라우마(외상): 과거 경험했던 위기, 공포와 비슷한 일이 발생했을 때 당시의 감정을 다시 느끼면서 심리적 불안을 겪는 증상을 말한다.

—환상

환상은 상징계로 진입하다가 미처 진입하지 못하고 남게 된 잉여물이나 잔여물들이 실재계에 있다가 자신의 의도에 따라 욕망을 대체할 무언가로 나타나는 보이지 않는 기표이다. 그것은 언어의 환유작용과 같이 끊임없이 자리를 바꾸어가며 욕망의 대상이 바뀌게 된다. 그러기에 내가 무엇을 환상할지에 대해서 알 수 없다. 환상은 주체들 간의 상황에 대한 주관적인 상호작용으로 만들어진다. 상징적 질서와 규칙, 법의 세계에서 관계의 네트워크 사이에서 유지되는 질서 있는 체계에 속하지 않는 것들이 있다. 그것이 실재계의 잔여물이자 잉여물이고 환상으로 표출된다. 그래서 그것은 틈속에 존재하는 비일관적인 시스템상의 오류와 같은 것들로 나타나기에 지젝은 환상이 대타자의 비일관성을 가리는 가면과 같은 것이라고 이야기한다.

—환상의 형성

알튀세르는 지젝이 언급하는 이데올로기의 초기 개념을 체계화한 공로가 있다. 그는 개인들을 주체라고 부르고(호명하고) 주체들이 자본사회의 생산과 재생산의 순환에 의식적으로 내지는 상당부분 무의식적으로 재생산에 기여한다는 것을 깨닫지 못한 상태로 일상을 살아간다고 생각한다. 그것은 무의식적으로 지배당하고 있는 메커니즘의 일상 숙명으로 살아가면서도 그것을 인식하지 못하는 것이다.

18

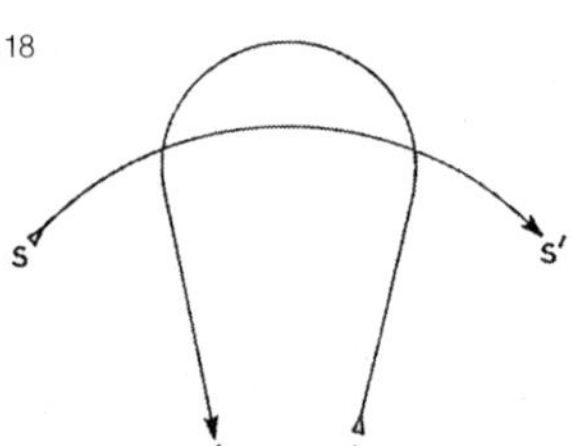

유아는 자신의 의지와는 상관없이 세상에 던져지게 된다. 그가 상상계의 시기를 거치고 난 이후, 각 개인은 이미 형성되어 있는 기표로서의 상징계에 진입해야 한다. 한 개인이 어떠한 조직에 들어가거나 어떠한 다른 세계에 들어가기 위해서는 필연적으로 거쳐야 하는 진입장벽이나 통과의례 같은 것들이 있기 마련이다. 그것

18. 라캉의 욕망도식

을 거치면서 개인은 필연적으로 일정정도 고통을 감내해야 하며 그러는 가운데 그 조직과 세계에 동화되고 익숙해진다. 이와 마찬가지로 라캉은 개인이 사회의 법과 규칙이 지배하는 기표의 세계인 상징계에 진입하면서 필연적으로 발생하게 되는 상황에 대해서 그래프로 설명한다. 한 개인이 기표의 네트워크로 구성되어 있는 세상에 들어가게 되면 상징계에서의 주체가 되며 사회의 위치와 자리에 어울리는 사고와 행동을 강요받게 된다. 그렇게 되면 무언가 자신의 자유로운 활동과 생각이 제한받게 된다. 사관학교에서 교육을 받고 장교가 된 사람을 생각해보자. "장교가 장교다워야지!" 하는 선배 장교의 책망 혹은 권고를 받으면서 그는 자신의 본성을 억누르며 사병들 앞에서 필요이상으로 엄숙하고 권위적으로 행동하게 될 것이다. 성향과 인격이 매우 가벼운 사람이라고 할지라도 말이다. 그는 사회적인 관계 속에서 자신의 본성을 억압하며 살아가게 될 것이다. 그렇게 되면 그는 말할 수 없고 불편한 무언가, 이면으로 숨어들어가는 무언가가 생길 수밖에 없다. 그것이 바로 실재계에 남아있는 것 즉, 상징계를 통과하면서 남게 되는 잔여물 혹은 잉여물이다. 앞의 그래프는 개인(△)이 세상이라는 기표의 네트워크(S → S' : 기표들의 연쇄, 상징네트워크)를 거치게 되면서 빗금쳐진 주체($)로 변하게 되는데 그것이 바로 무언가 억압되거나 말하지 못하는 무언가가 생긴 주체로 바뀌게 되는 것을 의미한다. 그것은 개인이 상징계라는 세상으로 진입하면서 어쩔 수 없이 겪게 되는 변화를 나타낸 것이다. 이 때 기표의 네트워크 벡터선을 뚫고 교차하는 두 지점을 바느질의 누빔점(고정점)이라고 이야기한다.

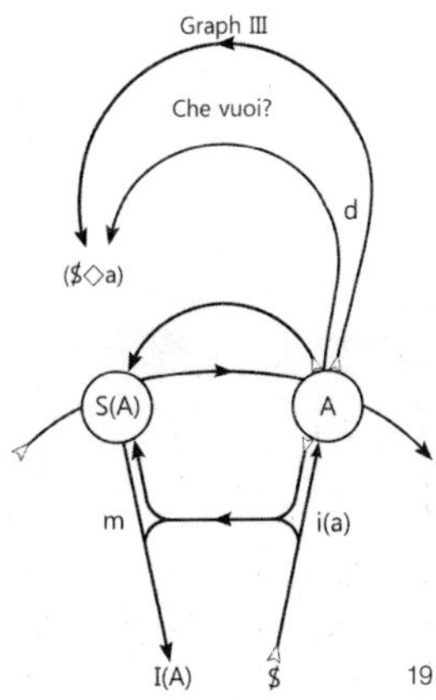

19

지젝의 욕망의 그래프에서 이태리어 "케보이(Che vuoi)?", 즉 "네가 진짜로 원하는 것은 무엇인가?"로 번역되는 개념이 등장한다. 그것은 상징적 질

19. 케 보이che vuoi?

서인 대타자(Autre)에 부여된 자신의 역할에 회의하는 히스테리적인 주체를 의미한다. 그것은 사회의 기표로서 존재하는 자신에 대해서 저항하거나 회의하는 것이다. 예를 들어 나는 누구의 남편, 누구의 아들, 누구의 아빠, 사회에서는 어느 조직의 어느 직함 등으로 불릴 것이다. 그러나 왜 꼭 그래야만 하지? 내가 꼭 그렇게 불려야 하고 사회가 지정한 그러한 호명으로, 그러한 질서로 그렇게 살아야만 하는 것인가? 하는 회의와 의문이 들 때가 있음을 누구나 인정할 것이다. 기표의 네트워크로 구축되어 있는 사회에서 불리는 이름으로 살아가는 개인은 무언가 부족한 것이 있을 것이다. 어떠한 이름으로 불리는 가운데 우리는 대상의 공백과 간극이 존재함을 느끼게 된다. 이성적으로 생각했을 때 기표 그 자체에는 그러한 것이 없어 보인다. 그러나 "네가 원하는 것은 무엇인가?"를 생각해보면 무언가 결여되어 있고 부족하며 잔여물이 남아있는 그 무언가가 존재함을 느낄 수 있다. 눈에 보이는 사회의 기표 네트워크 이면에 무언가가 구조화 되어 있는 것이다. 기표로 불리는 대타자의 이름은 그렇게 상징화될 수 없는 실재계의 향유로 구조화 되어 있는 것이다. 잔여물로 남아있는 대상a는 곧 원하는 것을 환상으로 만들어 대리만족하게 된다. 환상은 진짜로 원하는 것(욕망하는 것)이 나타난 것이다. 그러나 그것은 원하는 욕망 그 자체를 완벽하게 맞추어 주지는 못하기에 환상은 기표를 바꾸어가며 계속해서 욕망하게 된다. 환상은 상징계로 진입하면서 무언가 부족한 빗금 쳐진 주체($)가 대상a를 만나면서 만들어지는 것($◇a)이며 ◇는 공백 혹은 벌어진 틈을 의미한다. 그것은 벌어진 채로 절대로 간극을 메울 수 없지만 환

20

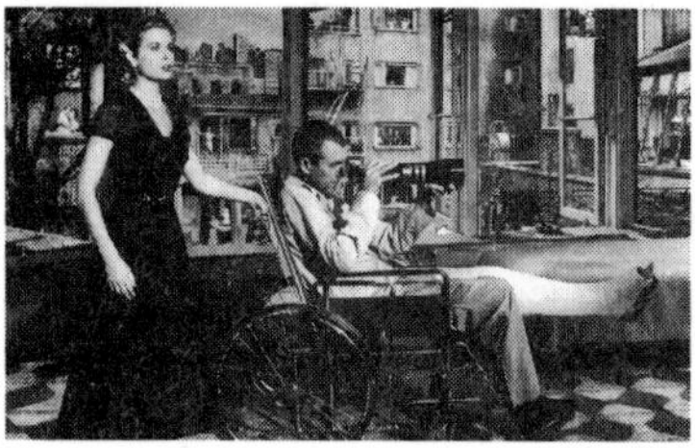

20. 히치콕 영화 이창(rear window)의 장면

상은 주체의 공백을 메워주는 행위이다. 지젝은 환상을 가로지르는 것을 동일성에 포획되는 것을 거부하는 본래적 행위를 의미한다.

히치콕의 영화 이창(Rear Window)은 욕망과 관련된 환상을 설명하는데 지젝이 자주 사용하는 사례이다. 사진작가 제프리스는 촬영도중 다리를 다쳐 어쩔 수 없이 휠체어에 몸을 의지한 채 무료하게 지내며 창밖의 이웃들을 몰래 훔쳐본다. 그는 신혼부부, 무용수, 고독한 여성, 병든 아내를 지키는 남편 등을 훔쳐보다가 건너편 건물에 사는 한 남자가 병든 아내를 살해하는 장면을 목격하고 자신의 간호사의 도움을 받아 개인적으로 조사하게 된다. 그러는 가운데 제프리스는 여인의 남편에게 그가 자신을 조사하고 있다는 사실을 발각되게 된다. 이에 살해당한 여인의 남편은 제프리스를 찾아와 공격을 한다. 제프리스는 위기를 가까스로 모면하면서 남편을 체포한다. 어두운 극장에서 꼼짝없이 앉아서 영화를 엿보아야 하는 관객은 제프리스와 동질감을 갖게 되고 타인의 은밀한 사생활을 엿보고자 하는 욕망을 자극하며 무의식의 실재계로 이끌린다. 살인자를 바라보면서 지젝은 살인자가 우리가 살인충동을 대리만족하고 싶은 실재계의 잔여물로 남아있는 우리들의 욕망을 충족시키고 있다고 진단한다. 외부를 바라보는 창문은 욕망과 현실이 만나는 프레임이자 가면의 막이다. 우리는 결코 현실에 접근할 수 없다.

지젝은 대중문화와 정치적 사건들에 대한 비평을 통해 인간심리에 대한 분석을 사회적인 분석의 차원으로 확장시킨 공로가 있다. 또한 좌파적 시각에서 마르크스적인 이론과 헤겔의 이론을 접목시켜 이데올로기화 되어 있는 현실의 부조리한 부분을 위트 있게 폭로하고 정치적 실천을 통해 현실의 변화를 촉구한다. 그의 사유는 단순히 이론으로 존재하는 것이 아니라 대중들에게 친숙하게 다가가서 적극적으로 현실을 해석하고 폭로하고 변화를 위한 정치적 실천을 추구하는 것이다. 그러한 점에 있어서 기존의 철학자와는 다른 행보를 보이고 있다.

1009 지젝이 분석하는 라캉의 욕망 그래프 도식

라캉의 욕망의 그래프는 그의 이론을 집약하여 요약해놓은 그래프로서, 그의 이론의 많은 내용을 함축하고 있기 때문에 중요하다. 지젝은 그의 주요 저서 『이데올로기의 숭고한 대상』에서 이 그래프를 효과적으로 분석하고 있다. 앞서 유아가 태어난 후 상상계에서 안정을 느끼다가 아버지의 법(팔루스)으로 대표되는 상징계로 진입하게 된다. 앞서 욕망의 잔여물(대상a, 향유)이 남게 되면서 주체화가 되는 과정에 대해서 그래프로 살펴보았다. 이것에서 더 나아가 무의식과 언어구조의 역학관계를 나타나내는 라캉의 최종 무의식의 작동 그래프는 다음과 같다.

21

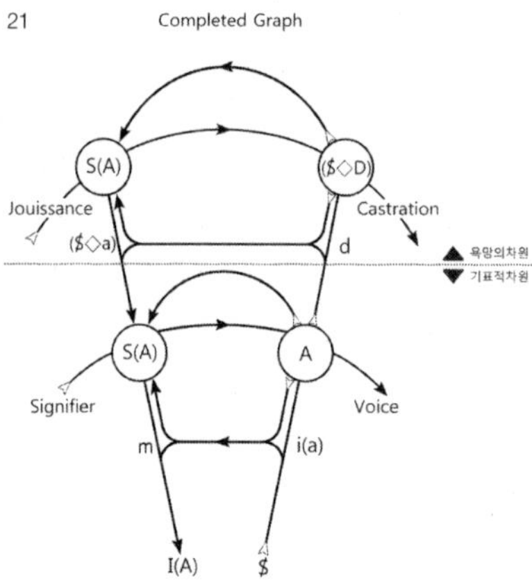

앞의 그래프를 보면 상징계를 통과하여 욕망의 잔여물이 남게 되는 기본적인 특성을 설명했던 그래프가 더욱 복잡하게 이층으로 구성되어 있음을 확인할 수 있을 것이다. 라캉은 기표의 차원과 욕망을 이층구조로 설명하고 있다. "인간의 욕망은 대타자의 욕망이다."라는 라캉 이론의 대표문장과 같이 인간의 욕망은 타자들이 욕망하고 있는 것을 욕망한다는 것이다.

그런 측면에서 내가 글(기표)로 생각하여 말하는 것 자체도 내가 생각해서 말하는 것 같지만 실제로는 무의식적으로 타자가 원하는 것을 말하고자 한다는 것이다.

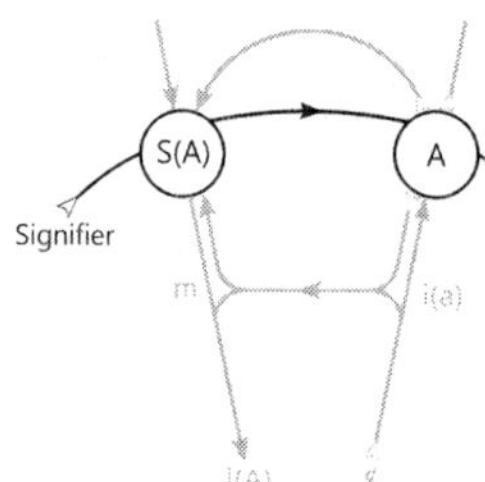

22

첫 번째 층을 살펴보도록 하자. 첫 번째 층은

21. 라캉의 욕망도식
22. 라캉의 욕망 도식 하부층 메커니즘1

기표의 영역이다. 기표로 생각해서 목소리로 내는 과정에 주체가 개입되는 장면이다. 첫 번째 층의 기표에서 목소리로 가는 화살표는 주체가 말하는 것 같지만 실제로는 타자가 원하는 것을 말한다는 것을 의미한다. 내가 말하는 것은 내가 말하는 것이 아니라 객관적인 타자의 말(사회의 규칙_상징계)인 것처럼 내 입이 말해짐을 당하는 것이다. 즉, 타자의 의도(욕망)에 의해 비로소 목소리로 나오게 된다는 것이다.

어떤 부모의 바람에 의해 영향을 받아(욕망이 투사되어) 그의 자녀가 "나는 장래에 의사가 되고 싶어요!" 라고 말한다면, 그것은 그의 주체적인 바람이라기보다는 부모 혹은 사회의 욕망이 그에게 투사되어 자신이 그렇게 말해짐을 당하고 있다는 것이다. 그중 S(A)는 타자에서 되돌아와(되돌아오는 화살표 주목) 기표가 타자에게 종속된다는 것을 의미한다. 타자에 의해 기표가 종속된다는 의미로, 이것 역시 타자가 말하는 것을 말하게 됨을 의미한다. 하부에 위치한 $는 타자의 목소리에 의해 말해짐을 당한 분열된 주체를 의미한다. 결국 분열된 주체는 타자의 목소리를 반영하여 목소리를 내고 그것은 타자의미에 종속되면서 결국 자신이 타자에 의한 동일시I(A)로 귀결된다는 것을 나타낸다.

그 사이에 있는 i(a)는 나의 이미지로 사실상 타자가 제공하는 나의 이미지이다. m은 타자가 나를 어떻게 보는지를 나타낸다. 상상적 동일시i(a)에서 직접적 동일시m로 이동하면서 결국 자신은 타자가 욕망하는 것을 말하고 타자가 원하는 것을 자신의 모습으로 투사하여 자신을 동일시하면서 이미지 또한 그렇게 만들고 그것이 자신의 이미지라고 믿게 된다는 것이다. 사회적으로 성공한 한 인사가 있다고 가정해보자. 남들이 존경스러운 눈빛으로 보고 만나고 싶어 하는 인

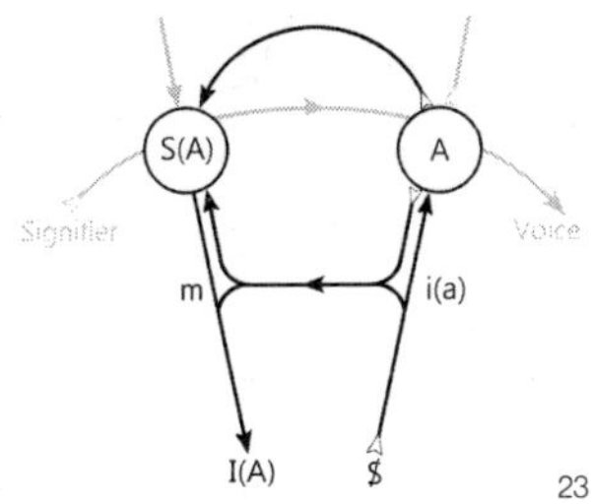

[23]

23. 욕망 도식 하부층 메커니즘2

[24]

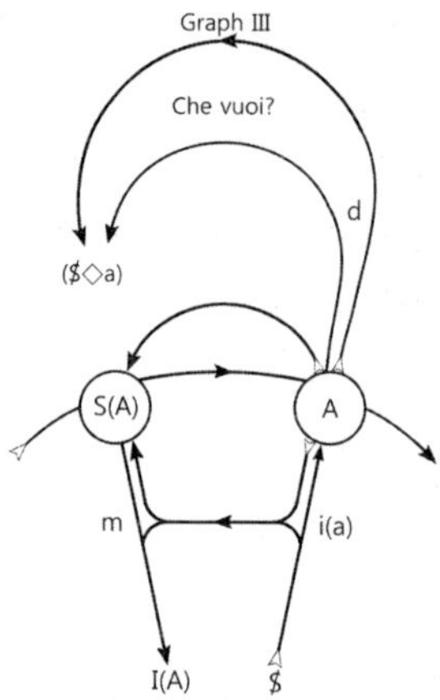

물이 되었다. 그 인사는 자신의 사회적 위상을 생각해서 함부로 행동하고 싶은 것도 남의 눈을 생각해서 참고 스스로 조심한다. 자신의 이미지를 설정하고 그것을 동일시하여 깨고 싶지 않은 사회적 위치의 주체, 타자가 원하는 주체로 설정하고 그것에 맞추어 현실을 살아가게 되는 것이다. 여기서 m은 자아moi로서 타자의 욕망이 투사된 자아를 상상적으로 동일시하는 단계로 볼 수 있다.

일단 주체는 언어를 이용하여 목소리로 자신의 이야기를 하게 되면 타자의 욕망을 이야기하는 기표체계의 메커니즘을 거치면서 타자의 목소리(욕망)을 이야기하게 된다. 주체가 기표의 그물을 지나 남게 되는 욕망의 차원인, 향유의 층위에서 '네가 진짜로 원하는 것이 무엇인가?' (Che vuoi?, 케 보이)를 끊임없이 물어보게 된다. 그것은 잔여물로 남아 채워지지 않는 욕망이 계속해서 욕망할 대상을 찾아다니는 것이며 대상a로서 특정기표에 집착하거나 환상을 만들어 일시적인 만족을 추구하는 갈급한 상황이 계속되는 것이다. 그것은 마치 설상가상의 사자성어의 상황이나, '밑 빠진 독에 물 붇기' , 혹은 '언 발에 오줌 누기' 라는 속담과 같이 끊임없이 욕망을 채우기 위해 노력하지만 허사이고 상황은 더욱 악화되는 것을 의미한다. 욕망에는 기억이 없기 때문이다. 욕망을 대체하는 무언가를 채운 듯 하면 이내 다른 욕망이 차오르게 된다.

[25]

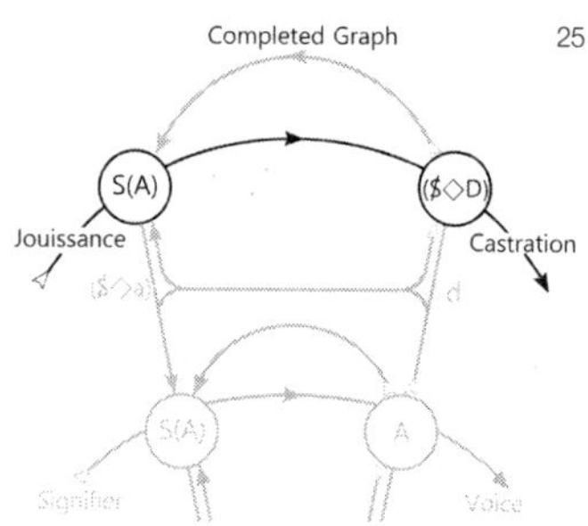

이제 욕망의 두 번째 상부층으로 이동해보

24. 케 보이che vuoi?
25. 라캉의 욕망 그래프 상부층1

도록 하자. 두 번째 층위는 욕망의 층위로서 향유가 거세되는 것을 의미한다.

26
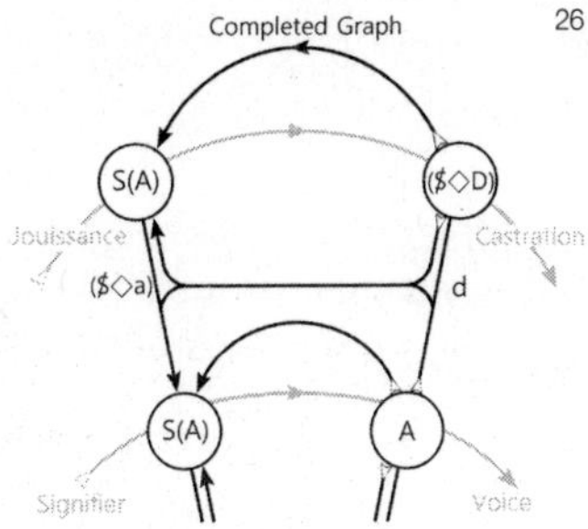

타자의 욕망을 의식하면서 자신만의 주체 S(Subject)의 정체성이 확립된다. 유아가 기표의 메커니즘을 거치게 되면 욕망d(desire)은 말(언어)로 하는 요구D(Demand)를 통해 특정 기표를 고정하여 요구하게 되나 그 기호는 근본적으로 채워질 수 없는 욕망(오이디푸스 콤플렉스: 어머니를 취하고자 하는 욕망)이므로 거세된 기표＄가 ◇(결핍)사이가 벌어져서 채워도 채울 수 없는 상태라는 것을 의미한다. ＄◇D는 언어로 고정하여 요구하지만 욕망의 차원에서는 근원적으로 만족할 수 없는 것이다. 그래서 ＄는 분열된 반쪽의 주체이다.

＄◇a는 대상a의 상상적 동일시와 채워지지 않는 기표가 만들어내는 환상의 구조로서 결코 메워지지 않는 것으로 끊임없이 욕망하나 채워지지 않는 것을 의미한다. 결국 주체의 욕망은 상상적 동일시를 수행하면서 대상으로 사라지게 된다. "Che vuoi?" (네가 진짜로 원하는 것이 무엇이니?)라고 욕망하는 것은 근본적으로 채워질 수 없는 욕망이다. 어머니를 취하고자 하는 오이디푸스 콤플렉스는 근본적으로 불가능한 것이기 때문에 욕망은 다른 대상을 찾게 되고 대상을 바꾸어 채워도 끊임없이 욕망은 되살아난다. 어머니가 원하는 것을 욕망하다가 결국은 욕망이 무엇인지 모르게 되고 타자가 원하는 것을 욕망하게 된다. 최종 종착지는 결국 타자의 메시지를 통해 구축되는 동일성I(A)의 정체성이 형성되게 된다는 것이 이 그래프의 결론이다. 인간은 '다른 어떤 곳에 무언가 욕망을 채울 수 있는 것이 있겠지' 라는 막연한 충동으로 끊임없이 달리게 되는 것이다.

26. 욕망 그래프 상부층2

27 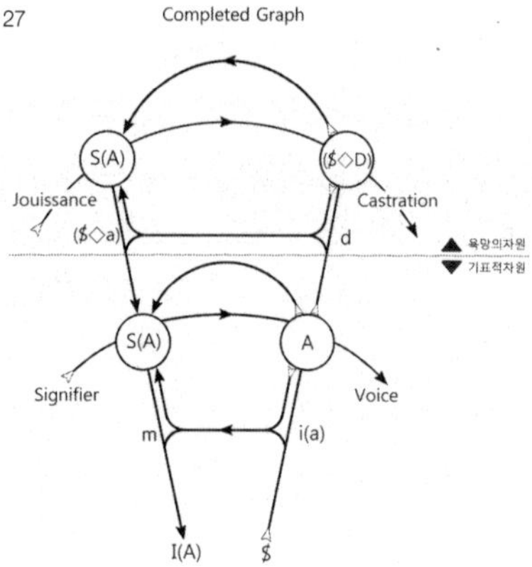

이 그래프는 라캉의 이론의 요약이자 결정판으로, 두 가지 중요한 의미를 지니고 있다.

첫째, 무의식은 기표 메커니즘과 욕망 메커니즘이 동일한 구조로 두 개의 층을 이루며 긴밀하게 이어져 있다. 이것이 중요한 부분이다. 무의식은 기표 메커니즘과 욕망 메커니즘이 따로 작동해서는 성립할 수 없으며 두 가지가 동시에 작동한다는 것이다. 둘째, 또 하나 중요한 것은 기표 메커니즘이 우선시된다는 점이다. 기표 메커니즘이 있고 나서야 비로소 욕망이 떨어져 나와 결핍되고 또 다시 타자의 욕망을 욕망하는 순환고리에 진입하게 된다는 것이다. 주체가 형성되는 과정은 이렇게 기표와 욕망의 두 개 층위의 메커니즘을 거치면서 타자의 욕망을 욕망하는 가운데 자신의 주체성을 그것에 맞추어 만들고 스스로 믿게 만드는 과정으로 엮여져 있는 것이다.

이런 측면에서 성경에서 태초에 말씀이 있었다는 문장은 매우 시사적이다. 말씀이 있고(상징계가 형성되고, 금기가 설정되고) 그 다음에 만물이 생성되고 채워지지 않은 욕망과 범죄(카인과 아벨)가 나타났고 인간은 낙원에서 멀어졌기 때문이다.

1010 헤겔 복권주의의 흐름

오늘날 들뢰즈의 담론이 여전히 활발하게 논의되는 한편, 들뢰즈의 담론으로는 세계의 현상을 파악하는데 한계로 다가오는 부분에 대한 논의가 진행되고 있으며 이에 대한 정신계의 지적 논의와 니즈 역시 발생하고 있다. 후기구조주의의 틀 안에서 현 세계를 이해할 수 있는 다른 방식의 시각으로 사유하기 위해 오히려 기존

27. 라캉의 욕망의 그래프 욕망 그래프 전체

의 헤겔의 방법론을 다시 주목하고 있는 것이다. 변증법이라는 정, 반의 이원론적 인 요소들을 통합하여 새로운 방향성을 가지고 나아가는 사유를 추구했던 헤겔의 경우, 통합이라는 면을 사유하기 위해 인간의 내면과 심리, 정신분석적 측면을 탐구하게 되었고 그것은 곧 인간의 내면으로 관심을 돌리게 되는 계기가 되었다. 주물의 틀을 깨고 나아가는 끊임없는 변화와 움직임을 만드는 욕동을 중심으로 하는 생기론의 계보인 들뢰즈의 사유는 끊임없이 변화하며 자본을 집적하고자 하는 욕망이 분출되었던 신자유주의 시대의 또 다른 사상적 상징이 되었다. 8권에서 살펴보았던 바와 같이 바디우는 들뢰즈를 지속적으로 비판하면서 신자유주의의 한계에 대한 시대정신의 암시를 보여준다.

독일 관념론자들은 주관과 객관, 자연과 인공, 유한과 무한, 이상과 현실의 대립을 철학적 사유 체계에서 유기적으로 조직화하고 통일시키려고 시도했다. 그들은 이론적 의식과 실천적 의식의 전 영역을 통합하고자 했고 칸트의 '실천 이성의 우위' 의 사상을 계승하며 실현하고자 했다. 이러한 노력은 독일관념론의 흐름을 만들어냈고, 실천을 중시한 노력이 이루어졌다. 이후 그러한 흐름으로부터 쇼펜하우어 등의 비합리주의 사유가 등장했고 다른 한편으로 포이어바흐, 마르크스, 엥겔스 등의 물질과 실천의 행동을 중시하는 유물론의 철학의 갈래로 나뉘어 발전하게 되었다. 그들은 과정적(이론+실천)의 합리성을 신봉하며 이론과 실천 혹은 현실과의 간극을 메우고자 노력했다. 그는 마르크스/심리학(프로이트)/사회학 등의 다양한 연구 분야를 접목하고 통합하여 근대 이성이 만들어냈던 다양한 폐해와 어려움 부작용 등을 극복하고자 했다.

헤겔은 세계정신을 자연과 사회의 모든 현상의 기초로 보았다. 세계정신은 제 1차적이며 영원하고, 자연은 제2차적이며 정신에서 파생된 것이다. 그에게서 세계정신은 '절대이념', '절대정신', '신의 의식' 이라고 보았다. 칸트가 사고와 물질 자체에 대해 넘을 수 없는 한계가 있음을 이야기한 것에 반해 헤겔은 존재와 사고의 동일성이 있는 부분에 관해 논한다. 동시에 본질과 현상의 변증법적 통일에 도달하는 체계를 완성한다. 객관적이고 합리적인 세계정신을 자연현상의 기초로 생각한 것이다. 다시 말해 그것은 보수적인 부르주아지들의 집권에 대한 정당성, 즉 점진적 발전의 방향성을 정신계에서 완성한 것으로도 볼 수 있다. 그러나 반동적인 측면을 강조하며 유물론과 결합한 사상들은 향후 철학의 발전과 사회과학의 발전에 지대한 영향을 끼쳤다.

헤겔의 철학에서는 변증법의 효과에 따른 총체성이라는 특성이 나타나게 되는데, 그것은 정, 반, 합의 과정을 통해서 내용이 점차 정교해지면서 총체적으로 통합되는 특성을 보이게 된다. 변증법의 총체성은 정, 반, 합의 과정을 통해 하나의 거대한 방향성을 가지게 되면서 역사발전의 흐름을 만들어 가는데 그것은 모든 역사를 일자로 포함시키고자 하는 폐해를 만들 수 있는 힘이 되었다. 헤겔의 관념은 자체 내의 모순이 내적 조건으로 설정되어 있는 것이다. 그는 이처럼 모순적으로 불일치하기 때문에 정(正), 반(反)의 분해된 요소들이 합의 과정을 거쳐 통합적으로 발전해나가는 필연성에 대해서 사유했다. 이러한 사고방식은 두 가지 정반대의 특성들을 통합시켜 타협적이고 조화로운 총체적 발전을 이룰 수 있다는 믿음에 기반하고 있는 것이다. 그러나 지젝은 이러한 통합의 사유와는 달리 정, 반의 자체 내의 모순에 집중한다. 정속의 반적인 요소 혹은 '반' 속의 '정' 과 같이 자체 내의 모순으로부터 모순어법을 구사하는 것이다.

보통 헤겔은 관념론의 완성자로서 절대정신의 완성을 향한 역사적 흐름을 중시했고, 그것은 마르크스의 사적 유물론[13]에 결정적으로 영향을 미쳤다. 인류는 근대이성이 절대정신의 완성을 추구하면서 제국주의와 양차세계대전의 크나큰 폐해를 경험했고 20세기 이후 인류의 사유는 이러한 근대이성의 폐해를 직접적으로 극복하고자 하는 흐름을 보여 왔다고 해도 과언이 아니다. 따라서 동시대 사유(후기구조주의)에서는 헤겔의 사유를 극복의 대상으로 보는 경향이 강했다. 그러나

13) 사적 유물론史的唯物論: 마르크스주의의 역사관. 유물사관이라고도 한다. 변증법적 유물론을 역사에 적용한 것이다. 헤겔의 변증법적 발전관에서 영향을 받았으며 변증법적 발전을 통해 관념적 발전이 아닌 노동과 물질에 의한 발전을 중시했다. 물질적 생산이 인류의 정치 · 경제 · 법률 · 종교 · 학문 등의 관념을 발달시킨 근본이라는 관점이다.

앞서 언급한 바와 같이 지젝은 헤겔의 방식으로 라캉을 독해하거나 라캉의 방식으로 마르크스를 독해하고 대중문화를 라캉 식으로 독해하면서 헤겔의 방식(변증법적 방식)으로 통합적으로 사유하려고 한다. 지젝은 프로이트의 삼원론(이드, 자아, 초자아)로부터 발전된 단계의 이론을 전개한 라캉의 삼원론(상상계, 상징계, 실재계)을 적극 도입한다. 그는 현 시대의 이데올로기가 어떻게 작동되어 대중문화와 정치, 사회현상으로 드러나는지에 대해서 실재계의 차원이 어떻게 상징계에 드러나게 되는가에 대해서 마르크스 식으로 설명하면서 헤겔의 변증법적 방식으로 설명하는 것이다. 이때 그는 단순히 정, 반, 합의 변증법적 방법론 자체에 의미를 두는 것보다는 반동적인 사유의 흐름으로 정을 다시 바라보며 해석하는 유연한 방식을 강조함으로써 관습적인 시각을 통렬하게 파괴하는 방식을 즐겨 사용한다. 이를 통해 실재계 차원의 욕망이 상징계에 어떻게 드러나는지에 대해서 미묘하게 드러나게 만드는 방식을 사용하는 것이다. 이처럼 지젝은 헤겔의 한계를 극복하면서 새로운 방식으로 주체의 형성과정을 정립한다. 그것은 단순하게 심리적인 내부의 문제가 아니라 심리적인 것과 인문적 체계와 사회 이데올로기가 변증법적으로 작용하면서 만들어지는 주체화를 사유한다는 점에서 새롭고 효과적인 방식으로 여겨지고 있는 것이다.

1011 이데올로기와 향유

이데올로기란 그들은 자기가 하고 있는 것을 알지 못하면서 그렇게 하는 것을 의미한다. 한편에는 현실이 있고 다른 편에는 일정한 방식으로 왜곡된 현실에 대한 인식이 있다. 조선시대에는 강력한 유교국가의 논리로 남성들이 '칠거지악' 의 이데올로기를 설정하고 여성을 억압했다. 현재의 시각으로 본다면 누구라도 동의할 수 없는 질서체계이지만 그 당시에는 불편하고 억울하다고 하더라도 여성들이 묵묵히 참고 버텼다. 이런 의미에서 이데올로기는 인식론, 즉 사회를 형성하고 유지하는 '그 시대의 지식의 문제' 이다. 이데올로기적 국가장치 개념을 제시한 사람은 프랑스 철학자 알튀세르였다. 그는 교육, 군대, 종교, 가족 등의 제도가 이데올로기적 국가 장치라고 보았고 그것은 무의식중에 작동하며 자동화된 믿음이자 신념으로 우리가 왜 그렇게 행동하는지 알지 못하는 상태에서 하게 되는 일상의 일들이 사회의 시스템과 자본사회를 재생산하는 것이라고 보았다. 알튀세르는 이데올로기의 세 가지 양태가 교리, 믿음 의례라고 보았다. 우선, 이데올로기적 교리는 이데올로기의 사상, 이론, 믿음과 연관되어 있다. 가령 자유주의 교리는 기원상(부분적으로) 영국 철학자 존 로크의 사상에서 발전했다. 두 번째로 이데올로기적 믿음이란 그 교리의 물질적, 외적 표출과 기제들을 가리킨다. 가령 자유주의 교리는 언론 독립, 민주 선거, 자유시장으로 물질화된다. 세 번째로 이데올로기적 의례는 교리가 내면화, 혹은 자발적이고 자연적인 것으로 경험되는 체계들을 가리킨다. 자유주의에서 주체들은 자발적이고 자연스럽게 자신들을 자유로운 개인으로 경험한다.[14)]

알튀세르는 이데올로기 국가장치에 대한 개념은 잘 설명했지만 동일화시키는 행동 이면에서 작동하는 실재계의 환상을 만들어내는 차원에 대해서는 별다른 인식이 없었다. 즉, 국가장치로 작동하는 사회 네트워크의 기표로서의 불리는 이름의 부족한 점, 결핍된 점, 욕망하는 점들이 사회의 상부구조와 작용하여 만들어내는 이데올로기 메커니즘의 근본적인 작동원리를 파악하는 데는 실패했다는 것이다. 전통적인 마르크스주의자들이 가장 중시하는 경제라는 요인은 토대 위에 상부구조가 올라타면서 작동하며 그것이 계급투쟁과 관련이 있고 상부구조와 하부구조가 이데올로기 국가장치로서 유기적으로 상호작용하며 재생산된다는 견해를 가진 것은 기초 이론에서 한단계 발전한 것이다. 그러나 경제라는 토대 자체가 왜곡하거나 은폐하는 것을 적절하게 드러내거나 다른 방향으로 작동하게 만드는 인간 무의식의 환상체계가 중요한 것이다. 상업화와 관련하여 상품의 물질화된 구체성은 그것을 생산한 노동력 속에서 정신화되어 이데올로기적 국가장치로서의 정신이 물질화된 것이다.

14) 같은 책, p139

헤겔의 정, 반의 이원체계를 통합하여 합을 만들어내는 것은 달리 생각하면 삼원체계를 왜곡하는 것이라고 볼 수 있다. 지젝은 이러한 점을 지적한다. 관념적으로는 삶과 죽음, 정신과 육체 등의 상호 상대적인 요소들이 명확하게 나눠지만 사실은 삶속에 스며있는 죽음으로의 욕동이라던가, 정신을 지배하는 육체 등의 명확하지 않은 상호 보충적인 요소도 있게 마련이다. 이러한 요소들은 상호 내부에 존재하면서 관계를 교란하는 것이다.

28

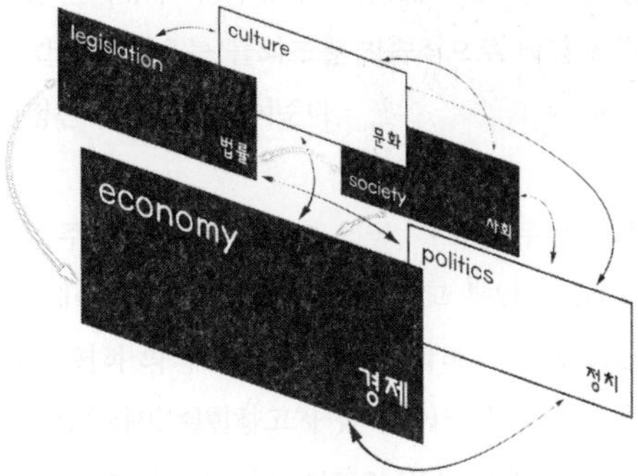

지젝은 현대인이 냉소주의라는 이데올로기의 시대를 살고 있다고 진단한다. 현대인은 자신이 만드는 환상을 따르며 행동하고 있다고 생각한다. 그들은 그것을 잘 인지하면서도 그렇게 무의식적으로 행위한다는 것이다. 우리는 그것이 국가 이데올로기 장치에 의해 작동되는 것을 냉소하면서도 그것을 수행한다. 그것이 있음을 믿고 그것을 행하면서도 이미 작동하고 있는 시스템에 냉소하는 것이다. 그것은 앞서 언급한 이원체계에 대한 부조리한 현상 때문이다. 현대인은 이원체계를 삼원체계로 바라보고 분석한다면 간격과 틈에 대한 보충물(환상)로 상징계의 부족한 틈을 메우거나 은폐할 수 있다고 생각하는 것이다.

지젝은 경제적 토대가 모든 것을 좌지우지 하는 시각을 인정하지 않으며 오히려 모든 것을 결정하고 문제시 하는 것은 바로 실재계의 내밀한 욕망인 '향유' 라고

28. 알튀세르의 중층결정과 이데올로기장치

29

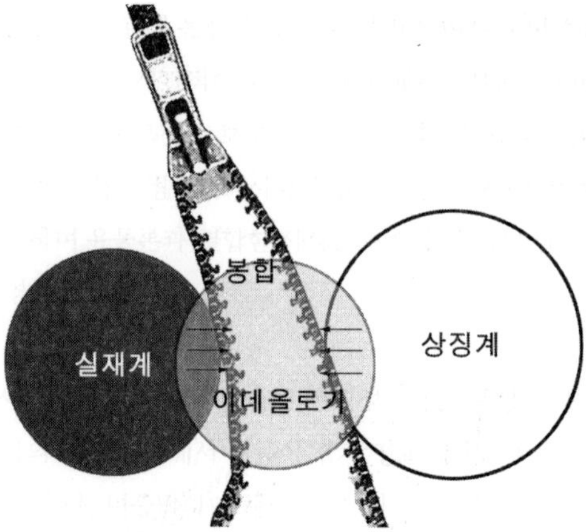

생각한다. 그것이 실재계에서 이데올로기적 봉합을 가져오는 것이다. 경제적 요소가 중요한 역할을 하지만, 그 외의 많은 상부 요소에 의해 상호 작용을 하고 요소들 속에 다른 요소들이 간섭하고 내란을 일으키기 때문이다. 알튀세르는 이데올로기가 생활세계에 존재하며 재생산하는 것으로 보지만, 지젝은 이데올로기를 부정적으로 바라본다. 이데올로기적 비전(환상)을 제시하면서 갈등으로 점철되어 있는 현실과의 괴리를 봉합하는 역할을 한다고 생각하기 때문이다. 그것은 마치 실재계의 잔여물처럼 애초부터 해결하는 것이 불가능한 것이다. 상징계는 실재를 완전히 봉합하지 못한다. 그래서 상징화되지 않은 실재의 조각이 남아있을 수밖에 없다. 그래서 봉합하기 위해서는 유령과 같은 보충물을 결합시켜야 한다.

이데올로기는 실재계의 무의식 내의 환상의 차원에서 작동하여 강제하기 때문에 더욱더 강력한 효과를 내게 된다. 나치가 지배하던 시기에 히틀러는 무의식적으로 유대인을 공포스럽게 몰아간 것들이 강력한 환상의 효과를 만들었다. 나치는 유대인이 더 더럽고 탐욕스럽고 무서운 존재이며 독일인을 옥죄게 될 것이라는 환상을 심어서 독일 국민의 지지를 바탕으로 조직적으로 유태인을 학살하는 인류

29. 상징계와 실재계의 봉합

역사의 끔찍한 비극을 만든다. 무의식의 환상은 단순히 심리 내부에만 존재하는 것이 아니라 이렇게 현실에 영향을 끼치는 강력한 힘을 가지고 있다. 지젝은 현실에 부정적 영향을 끼치는 환상을 분석하고 격파하여 그러한 심각한 문제를 야기할 수 있는 환상을 주도하는 이데올로기에 저항해야한다고 생각한다.

1012 지젝 이데올로기와 사회개념

지젝의 이데올로기와 실재계에서 지젝의 공로는 크게 두 가지로 볼 수 있을 것이다. 첫째, 이데올로기와 주체의 개념을 이용하여 정신분석학을 사회적, 정치적 담론이 영역으로 끌어들여 공론화하고 그것을 실천적으로 변화시켜나가고자 하는 정치적 힘에 있다고 볼 수 있다. 둘째, 이를 위해 지젝은 대중들의 관심과 참여를 확장시키기 위해 대중들이 흥미 있어 하고 쉽게 다가갈 수 있도록 대중문화와 민감한 정치적 사건을 중심으로 코멘트하면서 철학적 분석을 가하는 점에 있을 것이다.

프로이트는 정신분석학을 창시했고 이드, 자아, 초자아 등의 삼원론의 역학관계와 죽음의 욕동의 개념을 정립했다는 점에서 중요하며, 라캉은 의학계 영역이 주가 되었던 정신분석학을 철학이나 인문적 개념을 도입하여 폭넓게 담론화시키는데 공로가 있다. 그러나 프로이트와 라캉의 연구는 사회, 정치적 입장까지 확장된 것은 아니었다. 어디까지나 인간의 정신세계에 대한 연구이자 분석이었을 따름이었다. 그러나 지젝은 라캉의 이론을 바탕으로 헤겔의 변증법적인 방법을 이용하여 사회(실제로는 실재계)가 만들어낸 이데올로기와 인간정신세계의 실재계의 반응으로 만들어지는 주체개념에 대해서 분석함으로써 사회적, 정치적 차원으로 담론을 끌어올려 다양한 사회, 문화적 분석을 가능하게 했다는 점이 주요한 공로이다.

이데올로기는 '시대의 과학'으로 정의되는데 현재의 시각으로 보았을 때 조선시대 여성들을 얽매고자 했던 '칠거지악'이라는 사회 이데올로기는 불편하고 불합리하기는 했지만 누구나 그것이 왜 그렇게 해야만 하는지 알지 못하는 채로 행하게 되는 시대의 이데올로기 즉, 무언가로 몰아가려는 의지인 사회의 지배이데올로기로 작동했다. 지젝이 생각하는 이데올로기는 실제로 타자의 욕망이 현시되는 것이다. 그러나 칠거지악과 강력한 유교적 지배 이데올로기가 지배하던 세상은 드라마틱하게 변하였다. 국민을 억누르던 박정희, 전두환 정권도 퇴진했다. 독재 시대에는 권력의 압제가 무서워 억눌렸던 실재계의 욕망들이 시간이 흐르고 여건이 성숙하게 되면서 어떤 형태로든지 저항의 목소리와 행동으로 드러나서 결국 새로운 시대를 여는 역사를 만들게 된다. 이처럼 역사는 대중의 심리속 실재계에 위치한 욕망이 상징계에 영향을 미쳐서 현시되는 것이다. 인간의 욕망은 대타자의 욕망이라는 라캉의 언설대로 역사는 많은 대중(대타자)의 욕망에 편승하여 현시되는 것이다. 도시라는 산물 역시 역사와 마찬가지로 그 시대의 욕망이 반영된 것이다.

예를 들어 어떤 정권이 추진하는 주요한 정책은 그 시대가 규정하는 과학이자 이데올로기로 작동한다. 그것의 찬성 반대를 떠나서 그 시대에는 그것이 상부로부터 결정된 정책(Top-down)이자 일반 대중의 욕망(Bottom-up)이 반영된 결과라고 볼 수도 있다. 현재는 그러한 정책의 실행이 많은 사람들이 반대하고 잘못된 결정이라고 생각하는 비율이 압도적이라고 하더라도 정권을 잡았다는 것은 선거 당시에는 대중의 욕망을 반영하거나 부추기거나 하면서 정책을 홍보하고 실행하는 것이 대중의 욕망을 반영하고 환상을 형성시키는데 있어서 성공적이었다는 것을 나타낸다. 이처럼 이데올로기는 실재계에 기대어 있다. 그러나 이데올로기는 실재계의 욕망은 허상으로 만들어져 있어서 쉽게 대체되거나 허물어질 수 있다.

소결

이제 Part I 을 마쳐야 하는 시점이다. 프로이트, 라캉, 지젝의 사유 역시 짧은 지면에 정리하기에 방대하고 심오한 내용들을 다루고 있어서 한꺼번에 정리하는 것이 불가능할 뿐만 아니라 그들의 이론에만 치중하면 건축과 관련된 내용에 있어서 집중도가 떨어질 수 있으므로 Part II 에서 건축과 관련된 담론부분을 연계시켜 생각하는 것이 더 효율적일 것이다. 프로이트로부터 시작된 무의식의 분석은 구조화된 인류공통의 요소가 있음을 증명하면서 기존의 철학적 체계를 해체하는 효과를 지닌 강력한 것이었다. 이후 라캉의 철학은 단순히 정신분석의 영역에서 나아가 언어학과 접목시켜 철학적 사유와 인문적 영역까지 확장시킨 공로가 있다. 이것은 사회전반의 내용들과 관련되는 이데올로기와 대중문화까지 확장시키고 접목시켜 사회의 주요 사건과 시사적인 내용들을 분석하는 지젝의 사유로 발전되었다. 이러한 수면 아래의 심리 요소들은 필연적으로 다양한 외적 변수들로부터 촉발되고 요소들이 접목되어 상징계의 다른 차원에 존재하는 실재계의 욕망이 드러나면서 사건으로서 혹은 잘 눈치 챌 수 없는 디테일이 드러나게 마련이다. 그러한 양상은 정확하게 사회의 다양한 힘과 영향으로 빚어지는 건축분야의 프로세스와 매우 유사하며 심리적 요소들과 함께 표현면에 있어서도 대상a, 주이상스의 개념이 만들어내는 환상의 자기표현과 상징적 표현의 원인을 분석하여 또 표현할 수 있다. 그런 측면에서 프로이트의 정신분석과 라캉의 상상계의 거울이론, 지젝의 상징계와 실재계의 상호작용에 대한 욕망이론의 흐름과 발전방향을 이해하면 인류 공통의 심리로부터 사회전반의 다양한 힘들의 상호작용과 이데올로기의 형성에 이르기까지 사고를 확장시킬 수 있으며 그것은 건축이 빚어지는 양상의 사고와 표현의 본질에 대한 사고할 수 있는 폭을 넓일 수 있을 것이다. 이제 건축과 직접적으로 관련되는 욕망이론을 살펴보기로 할 것이다.

욕망이론의
PART II
건축적 적용

건축과 관련된 욕망이론

프로이트 정신분석학의 삼원론(이드, 자아, 초자아)의 역학적 구성으로부터 영향을 받은 라캉은 상상계, 상징계, 실재계의 삼원론을 통해 인간의 심리가 발전하면서 겪게 되는 언어적 관점의 상호작용과 변화과정에 대해서 연구했다. 특히, 라캉의 사유중 시지각 예술이론(분절이론)과 L도식의 상징과 환상의 개념은 공간적 표현과 상징적 형태를 드러내는 건축의 특성상 직접적인 관계가 있는 이론이다. 특히 공간이 만들어 내는 장면들의 시퀀스에서 인지하는 것과 같이 공간을 이동하면서 경험하는 공간구축과 경험에 있어서 거의 직접적인 연관관계가 있다. 또한 이들 이론들은 3권 구조주의와 4권 포스트모더니즘, 5권 해체주의에서 살펴보았듯이 건축구축방법론tectonic은 언어와 밀접한 관련이 있다. 건축의 구성방식 자체가 언어적 구축방식과 매우 유사하게 구축되는 특성이 있기 때문이다. 라캉의 은유와 환유의 개념은 인간의 심리를 상징과 연관시켜 표현하는데 있어서 핵심을 이루고 있다. 그것은 실재계의 잔여와 보충물이 현실의 상징계에 드러나는 순간을 포착하고 그것을 가로지르며 표현되기 때문이다. 이제 건축과 직접적으로 관련되는 욕망이론을 살펴보면서 무의식의 심리적 요인들이 현실에 드러나고 표현되는 방식에 대해서도 살펴볼 것이다.

1013 라캉의 L도식과 상징(환상)

라캉의 욕망담론에서 상상계와 상징계의 개념을 가장 간략하게 잘 설명하는 것은 바로 L 도식(L schema)이라고 불리는 개념의 다이어그램이다. L도식은 라캉이 자신의 정신분석학 개념의 주체와 절대적 타자와의 관계를 기술하기 위해 라캉이 창안한 다이어그램을 말한다. L 도식의 목적은 대타자와 주체가 맺는 '상징적 관계'

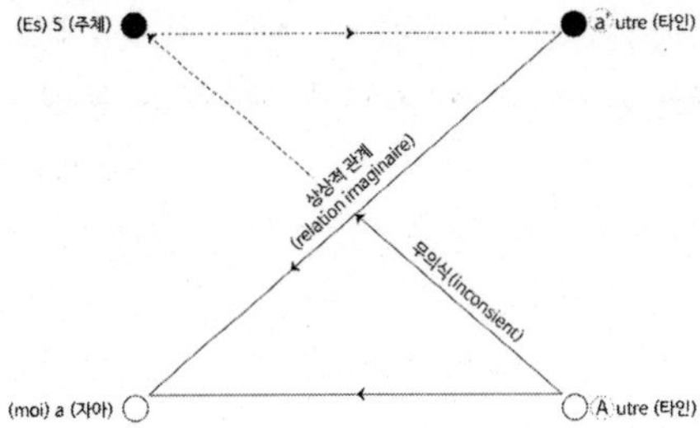

30

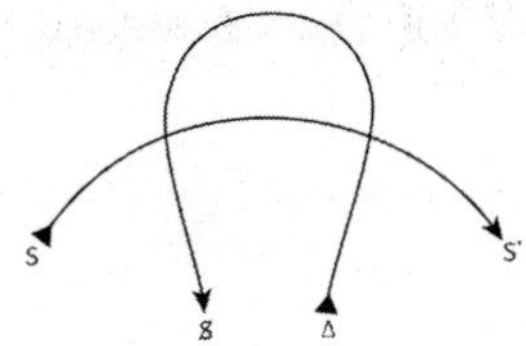

인 자아(ego)가 소타자(a)와 맺는 '상상적 관계' 에 의해 가로막히는 것을 보여주려는데 있다. L도식에서 라캉은 주체 S를 프로이트의 이드(id)라고 보았다. a는 자아(ego) a'는 거울 속에 비춰진 타자적 분신으로서의 자신의 거울에 보이는 이미지로서의 자아로 보았다. A는 절대적 타인으로 보았다. 앞서 상상계를 살펴보면서 우리는 유아가 안락한 어머니의 뱃속에서 생활하다가 세상으로 내던져지면서 탯줄이 잘리는 고통을 맛보게 되는 상황에 대해서 언급했다. 이후 유아는 어머니와 한 몸이었던 시절을 그리워하고 어머니와 자신의 몸이 동일시하고자 하는 가운데 거울에 비친 자신의 몸을 동일시하면서 안도와 기쁨을 얻는 상상계의 단계에 대해서도 살펴보았다. a-a'의 관계는 유아기의 거울의 단계로 불리는 상상계의 시기로 볼 수 있다. 라캉은 이 단계가 순수한 고통의 행위가 아니라 필연적으로 매개-기표-를 필요로 한다는 점에서 상상적 관계(imaginary relation)라고 칭한다. 그것은 나르시스트적인 동일성으로 볼 수 있다. L도식의 하부로 가서 a-A로의 축은 유아가 상상계의 과정을 거치면서 아버지라는 남근의 금기와 규율을 만나게 되고 욕망이 좌절되고 상징적 단계로 들어서는 것을 의미한다. 이 과정은 규율로 운행되는 사회관계를 맺어가며 자기 정체성을 만들어나가는 단계를 의미한다. 기표의 상상적 질서와 상징적 질서 사이의 차이와 깊은 균열은 주체의 분열과 결핍으로 인해 무의식의 욕망을 만들어낸다.

그는 주체(S)가 절대적 타자(A)와 맺는 무한히 개방된 관계를 ◇라는 수학원소 등

30. 라캉의 L도식

으로 표현했다. 이 도식을 간단히 설명하면 주체가 대타자와 맺는 사회적 관계인 상징적 관계가 자아(Ego)와 소타자가 맺는 상상적 관계에 의해 가로막히고 결핍되면서 잔여물이 생긴다는 것을 보여주고 있다. 우측 상단의 상상적 관계가 방해를 받으면서 점선으로 표시된 것과 같이 주체가 사라지게 한다. 이미지의 동화를 원하는 상상적 단계가 상징적 단계로 들어서면서 에고(자아)에 의해서 방해를 받으면서 불확실하고 불안정한 상태로 남게 되고 실재계에 잔여물과 결핍을 나타내게 된다는 의미이다. 기표와 호명의 관계는 무엇인가 매개에 대해서 존재하게 되는데 상징계에서 우리는 이미 규정된 상호주체성의 구조, 그것 속에서만 서로간의 관계를 가질 수가 있다고 라캉은 생각한다. L도식은 그러한 관계를 가장 잘 보여준다.

구분	도식에서의 관계	주체/타자의 관계	작용의 기제
상상적 단계 (imaginary level)	a-a'	2자적 관계	거울/ 어머니
상징적 단계 (Symbolic level)	a-A	3자적 관계	도덕/ 아버지

31

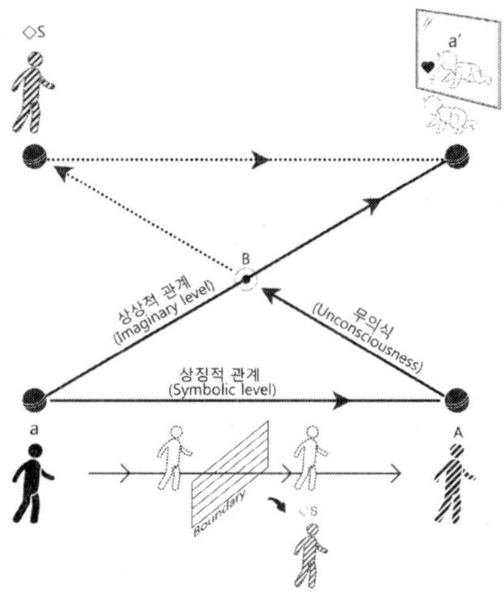

31. 라캉의 L도식 설명

상상적 단계는 어머니와 한 몸으로 동일시하거나 어머니에게 결핍되어 있는 남근이 되고자 하는 욕망인데 이것이 좌절되고 균열되면서 결핍이 나타나게 된다. 아버지로서의 법과 규율 및 금기로서 좌절되어 상징계로 진입하면서 기표와 기의의 관계와 같이 끊임없이 미끄러지면서 영원히 정착하지 못하고 표류하게 된다. 어쩔 수 없는 분열과 미끄러짐, 표류는 상징계에서의 필연적인 현상이며 기표는 사회적 관계와 의미에 따라서 각자의 자리에서 다르게 역할을 하게 된다. 욕망은 온전하게 실현되지 못하고 불안전한 상태로 의미화 되면서 기표로 남게 되는 것이다. PART I에서 언급한 것과 같이 우리는 좌절된 욕망을 대리적으로 만족시키거나 대체하기 위해 환상을 만들게 되는 데에는 표현분야 및 조형관련 분야에서는 상징과 관련된 방식으로 나타나게 된다. 그것은 분열과 결핍에 대한 대응이다. 그러나 그것은 욕망을 충족시켜주는 바로 그 대상이 아니기에 완벽할 수 없고 잔여물과 결핍이 남게 된다. 그것은 완전한 만족을 모르고 계속해서 대상을 변경하여 욕망하게 된다. 즉, 환상은 달리 말해 무의식의 언어구조화와 상징화로 나타나게 되며, 건축에서는 은유와 환유 작용에 의해 건축물의 상징화가 이루어진다.

재차 언급하자면, 프로이트 이후 무의식 역시 언어의 구조 속에서 작동하면서 의식의 영역으로 드러나는 것을 언급했던 라캉의 주장은 언어학뿐만 아니라 표현분야에 많은 연관이 있다. 표현과 조형의 영역은 언어와 밀접한 상관관계를 가지고 있으며 언어구조 속에서 만들어지는 은유와 환유의 내용처럼 건축에 있어서도 상징과 관련된 표현은 많은 부분이 은유와 환유의 구조로 표현되기 때문이다. 라캉은 기표를 연구하면서 욕망을 분석한다. 상상계를 거쳐 상징계라는 기표의 세계에 들어오면서 자기 정체성을 만들어나가는 과정과 상징계에 미처 언급하거나 표현하지 못하고 결핍된 채 잉여로 남아있는 실재계의 욕망이 은유와 환유의 개념으로 표현되기 때문이다.

라캉의 이론은 '욕망은 타자(대타자)의 욕망을 욕망한다' 라는 문장으로 요약될 수 있다. 자신의 욕망은 타자가 욕망하는 것을 가지고자 하는 것이라는 의미이다. 그것은 다른 사람에게 절실히 요구되는 것을 가짐으로써 상대적 우위를 가지고자 하는 것이다.

지젝이 언급하는 미녀 모델(신디 크로퍼드)과 가난한 농부의 이야기[15]는 이러한 라캉의 욕망과 대타자와 관련된 내용을 정확하게 함축하여 설명해주고 있다. 난파선에서 살아남아 단둘이 무인도에 표류하게 된 가난한 농부가 결국 무인도에서 살다가 그녀와 잠자리를 갖게 된다. 섹스 후 신디 크로포드가 그에게 만족스러웠냐고 묻자 만족스럽긴 했지만 완벽한 만족을 위해 무언가 사소한 한 가지만 해달라고 부탁한다. 그는 그녀에게 절친한 친구처럼 콧수염을 그리고 청바지를 입힌 후 다음과 같이 은밀한 미소를 지으며 이야기한다. "무슨 일이 있었는지 알아? 방금 전에 나 신디 크로퍼드랑 섹스했다" 라는 음담패설이다. 그러나 이 이야기는 욕망의 핵심을 담고 있다. 자신만이 아는 상태로 모든 사람이 선망하는 무언가의 욕망을 성취한 것은 진정한 의미에서의 욕망의 성취라고 할 수 없다. 대타자가 원하는 것, 대타자가 자신의 욕망이 성취된 것을 알 수 있고 대타자에게 자랑하고 인정받았을 때 진정한 욕망이 성취된 것이다. 인정의 동물인 인간은 대타자의 욕망, 대타자가 욕망하는 것을 성취하고자 끊임없이 욕망한다. 혼자만 존재한다면 욕망은 의미가 없어진다. 인정해주고 부러워해주는 타자의 존재가 필요한 것이다. 기표의 끊임없는 자리바꿈에 의해 욕망이 순환하는 것이다. 앞서 언급한 바와 같이 인간은 분열과 결핍을 대체하거나 메우기 위해 환상이 필요한데, 그것을 언어구조에서는 은유와 환유의 방식으로 상징화 시킨다. 그것은 보거나 만질 수 없는 실재계의 잔여물을 인지할 수 있는 방식이다. 그것은 마치 얇은 틈새로 새어나오는 고성(高聲)과도 같다고 말한다. 그것은 실재계의 잔여물과 결핍된 것을 환유라는 상징의 기법으로 표현하는 것이다.

15) 지젝, how to read 라캉, 웅진지식하우스, 2005, p20

2) 환유의 개념

명저 『꿈의 해석』에서 프로이트는 욕망의 금지와 검열을 회피하고 다른 방식으로 표현하기 위해 왜곡 변형을 가하게 된다고 주장한다. 이후 라캉은 프로이트의 이론에서 더 나아가 구조주의 언어학의 관점에서 은유와 환유의 개념을 빌려 상징의 욕망의 표현 구조를 밝히고 있다.

내용	은유	환유
방법론	압축	치환
관계방식	대체	겨랍
시간	동시성	통시성
문맥관련	문맥독립적	문맥 의존적

16)

은유의 대표적인 문장으로 '내 마음은 호수요' 를 들 수 있는데 은유는 서로 전혀 다른 사물들을 일치시키는 것이다. 이 문장의 요소들은 유사성으로 공통분모가 있어서 대체되는 것이다. 그래서 은유는 'A=B이다' 라는 식으로 표현된다. 그러나 환유는 직접적으로 지시하지 않지만 문맥적으로 대상을 그것으로 연상될 수 있는 다른 것으로 치환하여 지시하게 된다. 환유는 숙녀를 하이힐로, 우리 민족을 흰옷으로 표현하는 것이다. 무의식을 드러내어 표현하고자 할 때, 무의식의 요소들은 무의식의 검열의 조건을 피해서 은유법과 환유법의 언어의 규칙에 의존하게 된다. 인간의 욕망은 주로 환유적 구조를 지니고 있고 병적 증후는 주로 은유적 구조를 지닌다고 라캉은 언급한다. 욕망은 주체가 상징계를 거치면서 미처 진입하지 못하고 남게 된 잔여물이 실재계에 등록되어 있는 것이며 결여된 욕망을 채우기 위해 상징계인 현실세계에 계속해서 틈새를 비집고 드러나고자 하는 특성이 있다. 기표로 이루어져 있는 상징계에서는 기표의 근본적인 부족함으로 인해 실재계에 남게 되는 결핍과 잔여물이 상징계에 드러나고자 하며 채워지지 않는 욕망은 기표에 투사되고 끝내 만족하지 못하게 되면 자리바꿈을 통해 다른 기표로 또 다시 욕망이 이동하여 자리를 바꾸어 또 다시 욕망하는 악순환이 반복된다. 이러한 과정은 언어적으로 살펴보면 언어의 자리바꿈인 은유나 환유로 이해될 수 있다. 우리는 환유를 통해 타자의 욕망을 욕망할 수 있게 된다.

16) 이경훈, 아파트 모델하우스 외관에 나타난 환유구조에 관한 연구, 대한건축학회 논문집, 20(3), 2004, p112 인용

은유와 환유는 건축물 자체가 무언가를 표현하고 상징하는 역할을 한다는 점에서 중요하며 시대와 건축주의 욕망이 투사되어 구축되므로 욕망의 담론이 현실화된다는 측면에서 매우 중요하다고 할 수 있다. 이제 은유와 환유의 건축적 상징이 어떻게 이루어지는지에 대해서 살펴볼 것이다.

1014 라캉의 은유와 환유의 건축적 상징

어머니와 동일시하면서 어머니와 한 몸이 되어 지켜주고자 하는 오이디푸스 콤플렉스를 지닌 유아는 상상계를 거쳐서 아버지의 남근으로 상징되는 금기를 알게 되면서 상징계에 진입하게 된다. 상징계(언어계)에 진입하면서 해결할 수 없는 근원적인 욕망의 좌절과 결핍은 무의식속에 잔여물로서 남게 된다. 그것은 의식 밑의 무의식으로 억압되어 있는 상태로 어떠한 형태로든 표출하고자 한다. 이러한 무의식의 욕망을 달래주기 위해 무의식은 꿈의 형태로 왜곡되어 표현되기도 하고 어떠한 대상에 집착하거나 환상의 형태로 예술적 표현과 행위로 실재계의 욕망이 상징계에 표현되며 나타나게 된다. 라캉은 소쉬르의 언어원리를 적용하여 무의식은 언어처럼 구조화되어 있다고 주장한다. 마찬가지로 꿈과 예술작품은 대부분 왜곡과 은유 및 환유의 무의식적 메커니즘으로 구성된다고 생각한다.

주체는 상상계에서 상징계로 진입하면서 사회를 지배하고 있는 언어체계에 의해 사회구조 속에 어떠한 위치의 사람으로서 정해지게 되고(호명되고) 그 이름에 걸맞게 행동해야 한다. 또한 근본적으로 채울 수 없는 욕망을 일시적으로 채우기 위해 기표에 하나의 기의를 그 상황과 구조에 맞추어 의미화 시키게 된다. 다시 말해 그것은 상징계의 법칙에 따름으로써 사회적이고 습관적인 언어의 체계 속에 닫혀 있게 된다는 것이다. 그것은 근본적인 욕망의 해결이 아니기에 계속해서 미끄러지며 표류하게 된다. 그것은 빈공간에 자리바꿈을 계속하는 환유적인 순환이다. 그것은 유사성의 은유와 인접성의 환유에 의해 무의식의 기표는 계속해서 기의를 새롭게 형성시키고 자리를 바꾸면서 무의식의 결핍과 욕망을 현시해나간다. 유아는 오이디푸스 콤플렉스를 거치면서 분열된 주체가 타자를 통해 충만함을 얻고자 하는 욕망 때문에 환유의 고리를 떠도는 것이다.

'내 마음은 호수요' 라는 대표적인 은유의 문장과 같이 '내 마음=호수' 라는 유추를 통한 심상의 유사성과 공통성을 확보할 수 있도록 연결시키는 것이 은유의 기본적인 특성이다. 그것은 근본적으로는 다른 단어이지만 기표체계를 초월하여 무언가 세련된 방식으로 연결시킴으로써 무의식속의 욕망과 대상을 연결하여 추상화시킬 수 있다고 믿는 것이다. 그러나 은유의 근본적인 한계는 매우 직접적으로 연결시키는 방법론으로 인해 물질적인 차원을 초월하여 추상적으로 소통하기에는 어려운 점에 있다. 인간의 욕망은 은유를 전전하면서 상상계의 허상을 만들고 일시적으로 만족하지만 결코 진정한 만족을 얻을 수 없다. 자기 정체성과 욕망의 성취를 이룰 수 없는 영역이 바로 실재계이다.

일례로, 건축학과 저학년의 파빌리온을 설계하는 과정에서 한국적 공간을 표현하기 위해서 태극의 형상을 설정하여 태극의 형태를 단순화 시키면서 표현하는 것과 유사하다고 할 수 있다. 그것은 은유의 표현이라고 볼 수 있다. 그러나 그러한 표현은 격이 낮은 것(상상계와 같은 표현)으로 치부되기 쉽다. 예술에서 무언가 연상되는 것을 그대로 직접적으로 표현하는 것은 어딘가 부족한 것으로 생각된다. 찰스 젱크스는 이와 유사한 예시로서 에로 사리넨의 TWA공항은 공항이 의미하는 하늘로의 비상에서 쉽게 연상되는 새의 연상 작용을 일으키는 각 요소들의 상징적 표현으로 차원 높은 작품으로는 승화하지 못하고 있다고 언급한다.

한민족의 상징인 흰 옷은 환유적 속성으로서 의미에 있어서 전혀 다른 콘텍스트의 단어들이 대체되는 것이다. 그것은 전혀 다른 임의적인 물질적 관계를 이루고 있다. 차이가 명확한 혹은 전혀 관계가 없는 듯한 단어들이 대체되면서 통합되고 그 과정에서 다른 차원의 의미가 폭발적으로 생성되게 된다. 그것을 우리는 '낯설게 하기' 라고 한다. 이러한 낯설음은 수준 높은 시의 환유적인 표현에서 자주 발견하게 된다. 그것은 은유적 이미지를 그대로 사용했던 포스트모더니즘 건축과 (은유)vs. 비판적 지역주의 건축의 환유적 낯설게 하기의 차이와 유사하다.

실재계에서의 채워지지 않는 욕망의 잔여물들은 상징계에서 끊임없이 기표와 기의의 이끌어짐에서 걸러지며 남은 것들이다. 이를 통해 만들게 되는 낯설음의 기법은 5권에서 살펴본 바와 같이 환유적 고리에 따라 공간 안에 낯선 사물이나 프로그램, 공간을 병치시켜 새로운 의미를 형성시키는 것이다. 그것은 특정 콘텍스트 내에 기존 분위기와는 전혀 이질적인 기표와 물질을 배치시킴으로써 눈에 띠는 차이를 만들어내며 새로운 의미를 생성시키도록 하는 기법이다. 혹은 전통적이고 관습적인 의미를 지닌 기표를 의도적으로 집중하여 사용함으로써 관습적인 사용을 새롭게 바라보게 하고 차이를 만들면서 낯설게 하는 기법이 있을 수 있다. 기표들의 습관적인 관계맺음을 의도적으로 파괴하는 기법을 사용하는 것이다. 달리 말해, 그것은 차이가 현저한 기표들의 의미의 연쇄 속에서 부재의 침묵을 뚫고 '의미효과' 를 낳는 것이다. 그것은 은유의 친숙함과 환유의 비의미로서의 낯설음을 동반하며 전혀 새로운 의미효과를 낳게 된다.

은유는 환유적 기법으로 인해 비의미속에서 진정한 의미가 생성될 수 있도록 하는 것이 바람직한 방법이다. 상상계와 같이 기표의 일시적 동일화를 통해 의미를 생성하는 것은 일시적으로 욕망을 만족시키게 되는 것이다. 주체는 거울과 같이 현실에서 충분히 상상적으로 동일시하는 은유의 세계에서 언어가 지배하는 공허한 환유의 세계로 추방당하면서 언어적인 연쇄에 따라 다른 기표로 이동되는 가련한 존재일 뿐이다. 주체는 욕망의 이끌림에 따라 기표와 기의의 끊임없는 미끄러짐과 같이 끊임없이 표류하게 된다. 동일성의 철학은 상상계를 바탕으로 하는 은유를 중심으로 하며 상상계의 동일성의 체험을 바탕으로 하는 은유를 유추하는 방식으로 작동된다. 환유는 은유적 분위기의 바탕위에 요소들을 인접시키는 작용이다. 그것은 익숙한 것에서 낯설음을 이끌어내는 은유적 환유의 작용이다. 이러한 특성은 언어적 특성으로 건축구축방법론을 사용하는 건축분야의 구축에 있어서도 동일하게 적용된다.

프랭크 게리는 뱀과 물고기에 대한 억압된 무의식을 계속해서 은유화하는 작업을 진행했다. 그의 작업방향은 비늘과 생동감 넘치는 유동적 형태로서 표현하면서 은유의 기표를 만들어내는 초기의 과정을 거친 이후 환유적 연결로 발전하게 된다. 빌바오 구겐하임 미술관은 은유에서 환유로의 의미의 다차원적인 생성을 만들어내고 있다. 그것은 의미의 연관성을 찾을 수 없는 기표들을 병치시킴으로써 역동적인 환유의 의미를 생성시키고 있다. 게리의 건축형태들은 물고기도 뱀도 아닌 소통이 가능하도록 여러 형태로 해석이 가능하다. 그것은 환유적 은유로서의 유사성을 만들면서 유사한 여러 형태를 심상 속에서 불러일으킴으로써 새로운 의미를 생성시키고 있다.

역사적으로 많은 기억이 쌓여있는 장소의 힘을 가진 콘텍스트에서 새로운 건축물이 들어올 때에는 대타자 C로서의 도시City의 영향력이 우세할 수밖에 없다. 따라서 건축물의 설계자는 쉽게 대타자 C로서의 도시의 유형에 포섭되어 안착하고 싶은 유혹에 빠지기 쉽다. 쉽게 얘기하자면, 타자의 욕망이 현실에서 구축되는 대타자 C의 도시는 역사 그 자체이다. 현재의 모습에 현혹되어 그 모습 자체를 상상계와 같이 단순히 닮고자 하는 것은 동일성에 포섭된 것이며 상상계적인 은유에 포섭되는 것이다. 건축의 진정한 창조자는 현 시대의 특징과 욕망을 드러낼 수 있는 방식에 새로움을 조우하게 하는 것이 필요하며, 대지의 장소성 등도 현대적으로 새롭게 재해석한 낯설음의 요소로 발현시켜야 한다. 또한 은유의 표현을 넘어 빌바오 구겐하임 미술관처럼 환유적 표현을 통해 매우 감동적인 건축물로 승화시켜야 할 것이다.

건축에 있어서 은유와 환유는 매우 중요한 요소이다. 무언가를 표현하는데 있어서 기존의 형태를 빌려와 변형시켜 표현하는데 있어서 은유와 환유가 기본이 되기 때문이다. 그러나 은유보다는 환유의 표현이 좀 더 다양한 의미와 수준 높은 의미를 형성하는데 유용하고 바람직한 경우가 많다. 그것은 손쉬운 상상계로의 유혹을 뿌리치고 좀 더 한 차원 높은 표현을 위해 필수적인 방식이 되고 있다.

1015 라캉의 시지각 예술이론(분절이론)

프로이트 이후 무의식 역시 언어의 구조 속에서 작동하면서 의식의 영역으로 드러나는 것을 언급했던 라캉의 주장은 언어학뿐만 아니라 표현분야에 많은 연관관계가 있다. 그러므로 표현과 조형의 영역인 건축은 이러한 이론과 직접적인 관련성을 가질 수밖에 없다.

라캉의 중요한 시지각 분절이론(평면회화의 이미지-스크린 이론)에서 평면회화 형성과정과 개념은 다음과 같다.
A는 관찰자(주체)가 회화라는 대상(object)를 향하면서 초점이 형성된다. 그것이 삼각형의 꼭짓점으로 표현된다. 그것은 합리적인 시각으로 인지하고 사고하는

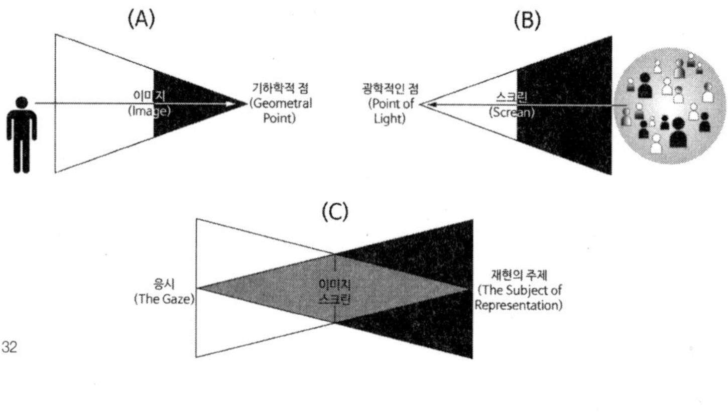

32

32. 라캉의 시지각 분절이론 다이어그램

'근대적 주체' 를 의미한다. B는 반대로 그림이라는 객관적 객체가 관찰자로 향하는 시점을 의미한다. A와 B의 시선 자체로서는 어떠한 의미도 생성시킬 수 없다. 그러나 A와 B의 삼각형이 결합되면 그 순간 이미지-스크린이라는 마름모꼴의 영역이 생기게 되고 그것은 대상을 재현한 회화가 주체와 객체의 상호작용을 통해 관조와 응시의 개념이 생기게 된다. 이러한 마름모꼴의 영역은 이미지-스크린이라는 의미가 생성되는 지점이다. 관람자(주체)와 객체(회화: 대타자의 응시)가 상호 간섭을 이루면서 작가가 의도하는 개념과 의미와 별도로 관찰자의 시선과 작품이 교감하면서 만들어지는 의미가 생성되는 것이다. 그것은 관찰자의 응시를 통해 관찰자의 무의식 속 기표와 화학작용을 하게 되고 그것이 의식 속에 새로운 기의를 획득시키게 되는 것이다. 쉽게 이야기하면 실재계의 차원으로 들어가는 문이 열리는 것이다. 거기에서 실재계에 등록된 대상a와 향락의 요소들이 자유롭게 표현되고 드러나게 된다.

이 내용에 대해서 좀 더 심도 있게 이해해보도록 하자.
객체의 응시(대타자의 욕망의 시선)는 먼저 존재한다. 다른 말로 선재성(先在性)이다. 응시가 먼저 있고 주체의 시선은 오히려 응시의 지배하에 있다는 것이다. 인간의 시선은 자기가 보고 있는 것 같지만 실제로는 대타자의 시선이며 행위 역시 대타자의 행위에 종속된다는 것이다. 그것은 '주체는 항상 대타자의 욕망을 욕망한다' 는 라캉의 언설로부터 나온다. 내가 보는 것 같지만 내가 보는 것이 아니라 대타자의 욕망의 시선으로, 다시 말해 대타자가 욕망하는 시각으로 보는 것이다.

"나는 거짓말을 하고 있다" 는 문장을 잘 생각해보자. 거짓말을 하는 순간, 내가 거짓말 하는 것과 거짓말을 하고 있는 내가 나를 바라보는 시선이 교차하는 것이다. 거짓말을 하는 자체적인 시선(eye)과 내가 그렇게 거짓말을 하고 있는 것이 보여지는 것이 응시(gaze)인데 이 둘이 앞의 다이어그램과 같이 교차하고 있는 것이

33

다. 단순히 보는 단계를 상상계, 타인에게 보여진다는 것을 아는 것이 상징계, 그리고 그 둘이 순환하는 긴밀한 다른 차원으로 연결되어 있는 것이 실재계라고 생각하면 쉬울 것이다. 이것은 긴밀하게 연결되어 작동한다는 것이 포인트이다.

우리의 눈에 일차적으로 보이는 것은 상징계의 아버지의 법을 통과하여 나온 표상인데 그것은 이미 거세된 것이다. 진정한 욕망의 잔여물인 대상a와 향유는 실재계에 남아 있다. 그러나 그 너머에 대타자의 응시의 시선이 이미 존재하며 상징계의 아버지의 법이라는 응시를 응시하는 죽음의 충동으로서의 시선이 존재한다. 일차적인 것을 보는 물리적 시각과 이미 존재하는(선재하는) 대타자의 응시의 시선이 교차하는 충동의 모습을 드러내는 지점 그것이 바로 이미지-스크린의 마름모 영역이다.

‘아는 것만큼 보인다.’ ‘개눈에는 개똥만 보인다.’ 라는 말이 있듯이, 이미 대타자의 시선(욕망)으로 무엇을 욕망할 줄 아는 주체는 시선을 주어 기표를 바라보고 있지만 이미 대타자의 욕망의 대상a를 투사하여 보고 있는 것이다. 그 시선은 대타자의 것, 혹은 신의 것이다. 꿈속에서는 대상a의 출몰이 보다 수월하듯이 주체의 시각과 대타자의 응시의 시각이 교차하는 지점에서는 충동이 실재계로부터 출

33. 대타자의 욕망이 투사된 시각

몰할 수 있게 된다. 요약하면 나를 보는 것을 보는 주체는 내가 아니라 그것, 즉 응시라는 것이다.

주체가 바라보는 영역은 이성이 지배하는 기하학적 상징계를 바라보는 것이고 그것은 달리 말해서 실재계에 잔여물을 남겨놓고 아버지의 법(팔루스)이 지배하는 영역에 안착된 대상들(껍데기, 폐허, 허상)을 바라보고 있는 것이다. 그것은 실재계에 놓고 온 욕망이 결여된 세계를 보고 있는 것이다. 그런 의미에서 주체는 실재계를 보지 못하는 맹인이다.

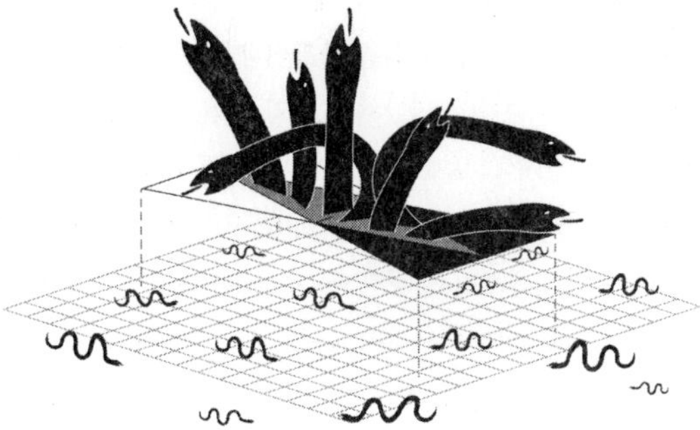

그러나 교차 지점인 이미지-스크린의 영역은 대타자의 욕망의 시선이 활동하는 영역이기도 하지만 동시에 주체의 기하학적 영역이자, 이성과 아버지의 법이 지배하는 영역이기도 하다. 이 영역은 이데올로기가 작동하는 영역이기도 하기에 실재계에서 발현하는 욕망이 이데올로기의 덫에 반응하여 왜곡된 이미지로 나타난다. 이른바 왜곡된 형상인 왜상(歪想)이다. 이데올로기 체계 하에서는 의무적으로 이렇게 하라는 강요와 억압이 존재한다. 거기에서우리들은 어느 정도 히스테리와 강박을 느끼게 된다. 그래서 삶은 심연의 고통스러운 기억들이 반복되며 지속된다. 고통스러운 현실과 조우하면서 우리는 어쩔 수 없이 삶을 지속해나가야 하며 소환된다. 어쩔 수 없이 끌려가면서 지속해나가야 하는 것 그것이 바로

34. 교차 이미지 스크린 영역

삶이며 실재계로부터 대상a를 찾는 과정이다. 그것을 라캉은 반복강박이라고 부른다.

2권에서 살펴보았던 수용미학은 라캉의 시지각 이론과 일정 부분 유사한 측면을 공유한다. 인간의 경험과 해석에 따라 새로운 의미를 부여하고 생산할 수 있는 방법론은 각 예술분야에서 지속적으로 발전해왔다. 역사의 기억의 저장소 역할을 하면서도 동시에 많은 사람들과의 의사소통(표현)의 조형영역이기도 한 건축은 표에서 설명한 바와 같이, 직접적으로 그러한 부분과 밀접한 관련을 가지고 있다. 1960년대 이후 문학 분야에서 텍스트를 해석하는 과정에서 수용자의 중요성을 강조하면서 참여를 통해 이야기(의미)를 만들어나가는 것이 중요한 흐름의 한 갈래를 이루었는데, 주체와 객체의 대상의 상호간섭은 이와 같이 수용미학적인 관점, 특히 해체주의의 상호텍스트성과 연계된다. 수용 미학적 관점은 건축작품의 담긴 효과구조와 그것을 경험하는 수용자의 경험구조와 상호이해에 도움을 주고 있다. 주체의 일방적인 관계보다는 상호작용을 통한 소외극복 혹은 다른 차원(실재계)의 드러남에 도움을 주게 되는 것이다. 일관적 흐름의 스토리라인을 배격하고 혼성, 상호침투, 복잡한 알레고리화의 작용이 능동적으로 가능하게 만드는 구조를 선호하는 것이다. 행간의 해석을 통해 개인(객체)의 심상 속에서 읽혀지는 것은 기억의 축적과 신체의 움직임과 연동되어 고정된 차원을 극복하고 다른 차원의 욕망과 조우하고 낯설음을 만날 수 있는 신선한 자극이 될 수 있다. 달리 말해 심연의 무의식(대상a, 향유)과 조우할 수 있게 되는 것이다. 주체와 객체간의 상호교류와 재생산의 긍정적인 과정이 지속되면서 기존의 건축공간 및 표현방식으로는 드러낼 수 없었던 방식을 제시할 수 있게 된다.

A와 B가 분리되어 있는 상황은 한쪽으로 치우치면서 본인의 의지대로 상상하면 동일화되는 상상계의 측면이라고 할 수 있다. 그러나 라캉은 이 둘의 시선이 결합되어 상호 간섭하는 단계(이미지-스크린의 마름모꼴)를 상징계로 보았다. 그것에

서 실재계로 나아가는 것은 상호간섭을 통해 무의식속의 말할 수 없는 것, 잔여적인 것과 반응하여 새로운 의미를 형성하고 그것이 실재화되는 것으로 생각한 것이다. 실재계는 기의가 표현되어 있는 상징계의 현실세계가 아니라 무의식의 기표의 현실을 관찰자와 작품사이의 반응을 통해 새로운 방식으로 상징계의 현실에 틈을 비집고 표출될 수 있음을 의미한다.

낯선 감정을 느끼게 만드는 이러한 이미지-스크린의 역할은 주체와 대상을 가로지르면서 주체와 대상이 상호작용을 일으키는 환상의 역할을 의미하며 그 가운데 의미가 생성된다. 이것은 의식속의 기의와 무의식의 기표 사이에서 주체인 자아와 타자간의 시지각적인 작용을 통해 무의식을 효과적으로 표현하면서 실재의 잔여물들은 표현할 수 있는 방법론을 시지각적으로 밝혀놓은 것이라고 할 수 있다. 이것은 예술작품의 새로운 의미를 형성하는데 있어서 심리와 관련해서 중요한 이론이라고 할 것이다. 낯선 감정을 만들게 하면서 무의식의 세계를 만날 수 있는 문을 여는 것은 예술에서는 초현실주의와 연계되며 건축에 있어서도 표현기법에 있어서 많은 부분들이 공유된다.

초현실적 욕망의 건축표현기법

초현실주의는 예술에 있어서 가장 직접적으로 작가의 심리와 무의식의 영역을 드러내는 것을 목적으로 하는 예술의 흐름 중 하나였다. 초현실주의는 근대 이성의 시대의 폐해를 경험하면서 반동적으로 나타났고 이성적인 특성으로는 드러내기 힘든 욕망을 대체할 수 있는 다양한 상징의 표현기법들을 적용시켜 욕망이 드러날 수 있는 방법론들을 선구적으로 실험했다. 예술은 예술가의 자의식의 실현(무의식 포함)을 가능하게 해주는 대표적인 분야이다. 라캉의 시각으로 보았을 때, 예술품 자체는 예술가의 욕망의 대체물(환상 혹은 대상a)이 될 수 있으며 일시만족으로서의 기표이자 시대적 기록물이기도 하다. 건축 역시 표현과 소통(형태와 상징)의 측면에서 대중의 심리와 무의식이 연결되어 있으며 공간구조에 있어서도 무의식이 드러나는 영역이다. 따라서 초현실주의 회화의 방법론을 탐구하는 것은 욕망이론과 관련된 건축적 기법의 해석과 실현의 이해를 돕는다. 초현실주의의 기법에는 데페이즈망 기법과 자동기술법, 에로티시즘의 사이와 틈의 담론과 알레고리화 담론이 있는데, 건축에서도 이러한 기법들이 유용하게 사용되어 새로운 표현을 만들어왔다.

1016 초현실주의의 데페이즈망 기법과 자동기술법

초현실주의는 현실도 비현실도 아닌 제 3의 현실에 집중한다. 제3의 현실은 현실과 비현실의 상대성을 초월한 다른 차원의 세계를 의미한다. 20세기 초에 과학과 이성의 한계와 폐해를 경험하고 예술분야에서 반발로서 부정과 저항을 최우선으로 하는 다다이즘이 나타나게 되었다. 초현실주의는 전통적인 가치체계의 부정과 회의를 표명하는 국제적 규모의 문학 미술운동으로서 부정과 파괴를 가장 중심적인 가치로 삼았다.

영향을 받은 사상적 배경은 신비주의와 정신분석학, 신비주의는 내적 경험(ecstasy)에서 경험되는 것으로 신비술과 연금술까지 연계된다. 초현실주의는 근본적으로 경험의 경계를 넘어서려고 하며, 현실을 본능적이고 잠재적인 꿈의 경험과 융합시켜 논리적이며 실재하는 현실, 그 자체를 바라보는 시각을 초월하며 확장시키려 했다. 이것은 절대적 혹은 초월적인 현실에 도달하기 위한 것이었다. 프로이트의 정신분석학은 성적 무의식과 융의 집단 무의식의 내용이 포함되고 우연성까지 포함된다. 무의식과 우연성은 상호 연관관계를 지니고 있으며 비정형적이고 불확실성을 의미한다. 또한 환상은 잠재의식의 잔여와 결핍이 다른 형태로 표출되는 것이다.

초현실주의 건축은 기존의 관습적 이미지나 형태에서 벗어나 충격을 주고자 하는 문법적 수법을 주로 사용한다. 초현실주의 표현기법에는 크게 자동기술법, 데페이즈망(콜라주, 아상블라주, 몽타주), 우연성 환상적인 특성 등을 들 수 있다. 초현실주의와 관련된 기법들은 상기의 정리된 표와 같다.

데페이즈망 효과는 어떤 물체를 본래 있던 곳에서 떼어낸다는 의미이다. 이질적

구분	자동기술법 (automatism)	프로타쥬 (Frottage)	데페이즈망 (depaysment)	콜라주 (Collage)	데칼코마니 (decalcomanie)
특성	통제 불능의 일탈, 충동 의식의 흐름, 기술	물질에 의해 촉발된 의식의 불안한 이미지를 표현 객관적 우연성표현	물체를 일상적인 환경에서 이질적인 환경으로 옮겨 기이한 만남을 현출	사물간의 불협화음 이미지의 연쇄반응 부조리와 냉소적인 충동 야기	복사, 전사(轉寫)+편집(偏執)' 의 합성어 2배 확장 탁월
기법	자유로운 연상을 통해 해방된 꿈의 세상 구현	바위나 나무의 거친 면에다 종이를 대고 연필로 문질러 얻게 되는 이미지	비정상적인 크기 친숙성의 왜곡, 병치	임의의 사물병치, 유화의 한부분에 신문지나 벽지 · 악보 등 인쇄물을 풀 부착	무늬를 특수 종이에 찍어 얇은 막을 이루게 한 뒤 다른 표면에 옮기는 방식 이미지의 중첩

표. 초현실주의 기법

35

인 요소들을 전혀 다른 곳에 위치시키거나 요소들을 한꺼번에 병치시키면서 시각적 충격과 신비감을 불러일으키고 낯선 느낌을 불러일으키는 것이다. 그것은 낯익은 물체를 전혀 새로운 장소에 위치시켰을 때 낯설게 만드는 특성이 있다. 그것은 관습적인 방식을 버리고 새로운 의미를 창조하기 위한 기법이다. 병치에는 형태의 병치, 오브제의 병치, 프로그램의 병치, 재료의 병치 등을 통해 병치의 자동기술법적인 효과를 극대화할 수 있다. 회화에서 콜라주, 아상블라주, 몽타주 등의 수법 등이 건축이나 기타 조형 활동에 있어서도 그대로 적용가능하다. 이러한 기법들은 잠재적 무의식을 내포하면서 사실적, 구체적 형상을 반논리적이고 모순으로 결합시킴으로써 의외의 의미를 형성시키는데 유용하다. 이러한 기법들은 모두가 앞서 언급한 프로이트의 꿈의 작용, 즉, 전위(대체), 압축, 과장 등의 작용과 밀접하게 관련이 있다.

자동기술법은 무의식속에 떠오르는 생각들을 받아쓰는 것이다. 그것은 프로이트의 자유연상법이 발전되면서 나타난 기법이다. 형태와 관련된 자동기술법은 초현실주의 화가 달리의 편집증적 망상의 조형들을 살펴보면 구성의 기본적인 속성들을 정확하게 이해할 수 있다. 우선 창작자의 꿈의 요소들을 재구성하고 편집증적 요소들을 배치하면서 대상의 형태를 왜곡하거나 변형하며 상식적인 크기를 비정상적으로 변형시키는 방식을 주로 사용한다.

35. 데페이즈망 효과, 키리코 작품
36. 달리의 초현실주의 회화

초현실주의 특성		효 과
병치, 변형	형태의 변형	비정형적 형상, 스케일 변형, 중력 거부 형상(복합적, 이질적)
	오브제의 스케일변형	기존 프로그램 변형, 이질적 프로그램 병치, 움직임과 사건재구성
	재료의 변형	급격한 단절의 심상을 불러일으키는 이질적 재료의 병치, 조형성 강조, 비관습적 재료 사용, 색채, 질감의 비관습적 사용
합성		합성, 기묘한 결합, 이중적 이미지, 의외의 요소 도입, 경계해체
모순		오브제의 비일상적 배치, 스케일 과장, 무생물 생물화, 중첩
불확정성		모호성, 불확정성, 모순, 이질적 재료

초현실주의의 건축 표현 방법론은 착시효과와 환각효과를 불러일으키며 새로운 의미의 건축공간과 표현을 창조하는데 도움이 된다. 역사상 건축부문에 있어서 이러한 유사한 초기사례로서, 바로크시기의 중첩구조와 아르누보의 무의식의 욕망들이 표출되어 하나의 사조가 된 사례가 있다. 건축 프로그램을 병치시키면 프로그램들의 상호관입과 혼성화가 진행되면서 경계의 불확정성을 보이게 된다. 이 과정에서 앞서 언급한 데페이즈망 효과가 발생할 수 있다. 이를 통해 다양한 사건과 이벤트를 만들 수 있다. 이러한 경향은 현대건축에서 특히 버나드 츄미의 건축에서 대표적으로 찾아볼 수 있다. 그는 이벤트 도시Event Cities라는 책을 시리즈로 출판하면서 자신의 건축을 이론화시켰다. 현대건축에서 초현실주의적 표현은 이처럼 병치와 데페이즈망 효과를 통해 표현되면서 환상을 표현한다. 현대건축에서는 그 공간과 표현을 사용하는 사람들의 행위로 인해 무의식 심층의 실재계의 잔여물들이 현실에 드러나며 인간 무의식의 해방을 시키는 역할을 하게 된다.

1017 위반과 금기의 에로티즘과 건축표현

37

프로이트로부터 시작된 무의식의 탐구에 있어서 성적 요소는 정신분석에 있어서 핵심적인 부분을 차지하고 있다. 인간은 종족 번식의 차원을 넘어서 에로티즘의 차원이 존재한다. 인간에게는 성적 판타지와 성도착 증상, 사디즘, 마조히즘 등의

37. 바타이유의 초상

가학적 성향 등을 찾아볼 수 있는데 이것은 동물들에게는 나타나지 않는 특성이다. 이처럼 성과 관련하여 단순한 종족의 번식과 관련된 기능으로서의 성과는 다르게 인간은 동물 중에서 유일하게 에로티즘을 향유하는 존재이다. 마찬가지로 건축에 있어서도 성적, 에로티즘과 관련된 개념 역시 중요하다. 건축의 무의식의 표현과 공간적 표현에 있어서도 인간의 무의식적 흐름과 연계되어 나타나는 부분이 있기 때문이다. 금기와 위반의 쾌락을 넘나드는 에로티즘과 건축표현은 욕망에 있어서 중요한 개념이 되고 있다. 에로티즘은 위반과 금기, 삶과 죽음의 쾌락 등의 양 극단을 오가는 인간의 욕망을 포함하는 개념이므로 무의식의 욕망이 현실에서 다른 형태로 나타나는 것을 의미한다. 따라서 인간의 심리를 나타내는 에로티즘의 개념을 건축에 적용하여 상징화되는 과정을 살펴보면 양 극단을 오가는 사이(간격)에서 욕망이 드러나도록 만드는 건축적 방법론에 대한 이론적 단서를 얻을 수 있다.

에로티즘의 개념을 연구한 조르쥬 바타이유는 프랑스 사상가로서 오를레앙 도서관장을 역임했다. 저주의 작가로 불리는 바타이유는 극도의 불안하고 불행했던 가정환경을 혐오하면서 성장했으며 자신의 삶이 역설의 철학을 만들어내는 것임을 깨닫게 된다. 그는 당대에 평가를 받지 못했다. 그는 젊은 시절 성직자의 길을 원한적도 있으나 방탕한 생활과 글쓰기를 오가면서 죽음, 에로티시즘, 금지, 침범, 과잉, 소비 등의 속된 것과 성스러운 것(지고성)을 대비시켜 이야기했다.

이제 에로티즘에 개념에 대해서 살펴보도록 할 것이다. 노동은 생존의 활동이지만 에로티즘은 생존과는 다른 각도의 측면이 있다. 죽음을 피할 수 없는 존재인 인간은 유한성의 인식과 함께 불연속의 불안을 안고 살아가게 마련이다. 그것은 현상학에서 언급하는 현존재의 개념과 연결된다. 육체의 합일을 통해 인간은 비로소 연속의 감정을 느낄 수 있다. 죽음은 폭력으로부터 발생하고 그것을 금지하는 금기가 생겨나게 되는데 그것은 불연속을 막기 위한 사회적 장치이다. 에로티즘은 에로스(아름다움의 추구)의 내적 경험이며 합일이다. 노동은 생산이지만 에로티즘은 소비이다. 에로티즘은 생명을 낳는 연속성의 행위가 포함되고 육체적 연결의 순간으로서 직접적인 연결이 이루어지는 향연(아름다움)의 순간이다. 금기와 위반은 욕망을 이해하는 중요한 개념이다. 금기는 내부에 자신이 부과한 구속인데 에로티즘은 노동과 마찬가지로 동물의 성적 충동과 구분된다. 쾌락을 위한 에로티즘은 순전히 소비적인 것으로 생산을 위한 노동과는 대비된다. 인간은 번식을 위한 성적인 행동을 하는 동물과 달리 금기된 것을 실행할 때 쾌락을 느끼게 되는데 이것이 신성성과 분리되면서 진정한 에로티시즘을 느끼기 어렵게 되었다고 생각한다. 그래서 그는 인간의 신성성이 회복되어야 한다고 생각한다.

여기서 금기의 영역은 바로 라캉이 언급하는 실재계로서 그 금지의 차원에는 대상a, 향유의 요소들이 등록되어 있는 장소이다. 인간이 언어의 세계에 입문하면서 가져가지 못하고 표현하지 못하는 것들이 등록되어 있고 그것은 상징계의 금기로 억눌려 있는 것이다. 에로티즘은 상징계의 금기를 위반하고 침범하여 실재계의 대상a와 향유의 쾌락을 즐기는 것이다. 쾌락이 없으면 금기가 존재할 수 없다. 쾌락을 추구하는 이유는 죽을 수밖에 없는 운명인 비연속적인 인간이 영원으로의 연속적인 존재가 되고 싶어 하기 때문이다. 성관계시에만 인간은 이어져 있고 성적인 방식으로 생을 소비하고자 한다. 번식이 가져오는 죽음(폭력)만이 에로티시즘의 근원이 아니라 유일한 목적이 번식이라면 그것은 동물의 행위와 다를 것이 없을 것이다. 금기의 존재, 그것의 위반이 더 큰 에로티시즘의 추동력이 된다고 본다. 금기가 강할수록 그것을 위반하고 파괴했을 때의 쾌감이 더 크게 작용한다는 것이다. 금기를 범할 때 충동에 무릎 꿇을 때 금기의 진리가 드러난다. 생명이란 다른 생명의 부패의 산물이다. 거기에는 '생명이란 결코 죽음을 벗어날 수 없다.' 라는 역설이 작용한다. 죽음은 빈자리를 남긴다. 애정을 추구하는 성적 폭력은 무질서를 불러일으키며 실신의 갈망, 육체 안에 깃든 죽음의 맛을 느끼게 한다. 바타이유는 생명이 죽음을 통해 자신을 확장할 수 있다고 주장한다. 에로티즘을 통해 생명이 확장되고 연장된다고 생각하는 것이다. 오르가즘은 절정의 상태에서 자신을 잊게 되는 순간이며 작은 죽음을 경험하는 것이다. 따라서 성관계 시 인간은 각 개체성이 무너지면서 불연속이 연속이 되는 상태를 경험하게 된다. 그것을 인간은 근본적으로 원하는 것이다. 바타이유는 '불연속과 연속이 이어지는 방식이 에로스' 라고 개념화한다.

누드nude와 네이키드naked의 개념은 벗고 있는 것은 같지만 다른 개념이다. 누드는 다른 사람이 본다는 것을 가정하는 것이고 네이키드는 혼자서 벗고 있는 상태이다. 타인의 시선(욕망)으로 자신을 설정하고 바라보게 하는 것이다. 마찬가지로 기능적으로는 최저가의 100% 면소재 속옷이 가성비를 생각했을 때 최고이지만 왜 사람들은 값비싼 란제리를 구매하는 것일까? 거기에는 타인의 시선에 대한 욕망이 작용하게 된다. 타인의 시선에 대한 자기만족 혹은 연인과의 만남이 전제되면서 우리는 비싼 가격의 란제리 혹은 브랜드 속옷을 고르게 되는 것이다.

예술분야에서 이러한 역설은 다음의 사례에서 찾아볼 수 있다. 뒤샹의 변기의 경우와 같이, 변기 본연의 의미는 무력화 되는 것이다. 변기 자체가 새로운 타자로서 예술작품으로서 새로운 의미가 생성된다. 예술에서는 유형화 되는 것의 거부, 고정된 의미의 사슬 끊고 실재계에 존재하는 것이 상징계에 침입하여 자리하게 될 때 새로운 의미생성이 가능하게 된다. 이런 측면에서 또 예술표현에서는 다름, 낯섦, 습관적 의미와 관습의 거부 등이 필요하다.

건축에 있어서는 우선 해체주의 시기의 담론으로서 구축 해체(파괴)의 역설이 이러한 바타이유의 역설적인 논리와 연계된다. 특히 상호텍스트성의 개념은 두 텍스트 사이의 공간을 인식하여 양쪽을 오고 가며 양쪽 모두를 참고함으로써 행간의 의미를 드러내게 만드는 것을 목적으로 하는데 이것은 불연속과 연속, 죽음과 삶의 개념의 역설과 연계된다. 서로를 침범하고 위반하고 금기를 깨는 것에서 쾌락이 발생하게 되는 것과 같이 상호텍스트성은 양쪽을 오고가며 새로운 의미를 형성시킬 수 있는 건축적 가능성을 보여준다.

또한 라캉 식으로 언급하면 건축에 있어서 눈에 보이는 상상계(유형으로서의 이미지계) 및 법칙으로서의 상징계(언어계)와 눈에 보이지 않는 실재계(욕망계)가 혼합되고 중첩되고 상호작용을 통해 현실에 드러나게 된다. 이 역시 상징계와 실재계가 서로를 침범하고 위반하고 금기를 깨는 것에서 쾌락이 발생하게 되는 것과 같이 상호텍스트성은 양쪽을 오고가며 새로운 의미를 생성시킬 수 있는 건축적 가능성을 보여준다.

버나드 츄미는 에로티즘에 관해 다음과 같이 언급한다.
"에로티즘은 쾌락의 과잉이 아니라 과잉의 쾌락이다. 이런 일반적 정의는 우리의 논점을 시사한다. 공간의 감각적 경험이 건축을 만들지 않듯이 단순한 감각적 쾌락이 에로티즘을 만드는 것은 아니다. 반대로 과잉에서 얻는 쾌락은 관능적인 것과 함께 자의식을 요구한다. 에로티즘이 정신적 복합개념과 관능성을 모두 내포하는 이중적 즐거움을 의미하듯이 건축적 모순을 이해하기 위해서는 건축적 개념과 즉각적인 공간경험을 동시에 필요로 한다. 건축은 에로티즘과 같은 상태, 기능, 의미를 가지고 있다. 시대정신은 당시의 인간의 삶을 담고 있다. 인간의 욕망을 표현하는 것과 관계되기 때문이다. 개념과 경험의 접합이 이루어지느냐 아니냐에 따라서 건축은 개인적이냐 보편적이냐 하는 두 가지 다른 세계의 이미지로 나타난다. 건축은 에로티즘과 같은 상태, 기능, 의미를 가지고 있다. 개념과 경험의 접합이 이루어지느냐 아니냐에 따라서 건축은 개인적이냐 보편적이냐 하는 두 가지 다른 세계의 이미지로 나타난다...(중략)... 왜냐하면 과잉 수준의 건축 행위만이 역사의 궤적과 즉각적인 경험의 진실을 모두 보여줄 수 있는 유일한 방법이기 때문이다.[17]

17) 버나드 츄미, 건축과 해체, 류호창 역, 도서출판 시+공, 2002, p72

츄미는 바타이유의 모순적인 개념을 건축적 모순의 개념에 적용한다. 그는 경험의 상호 침범과 과잉을 통해 상호 개념의 인식을 더욱 확고히 하면서 새로운 인식과 건축적 개념의 확장에 다가갈 수 있다고 보았다. 에로티즘과 같은 역설적인 상황에 대한 건축적 상황에 대해 츄미는 다음과 같이 언급한다.

"동시에 중요한 점은 폭력을 받아들이는 주체인 우리가 마치 록음악 공연장의 대형 스피커에 바짝 붙어서 고통스러울 정도의 육체적, 정신적인 충격을 기꺼이 견뎌내듯이 공간이 유발하는 그러한 침해에 종속하기를 스스로 원하는 지도 모른다는 사실이다. 과도한 소리를 숭배하기 위한 장소는 과도한 공간을 숭배하기 위한 장소를 암시한다. 결국, 폭력에 대한 사랑은 고대로부터 이어져 오는 즐거움이다." [18] 츄미는 이벤트에 의해 즉 모순된 프로그램이 발생시키는 역동적인 긴장에 의해 새로운 의미를 부여한다. 이러한 모순에 의한 의미획득과정을 그는 '해체 disjunction' 라고 명명한다. 또한 건축과 이벤트는 서로간의 규칙을 은연중에 침범하며 부인하고 저지르는 행위를 위한 참고점으로 작용하는 것으로 생각한다. 이것은 일종의 폭력이며 다른 폭력적 상황과 마찬가지로 건축이 행하는 폭력 역시 변화의 가능성, 재생의 가능성을 포함하고 있다.

바타이유의 에로티즘은 프로이트의 성적 무의식으로부터 시작하여 라캉의 의식의 이면에서 작용하는 실재계의 대상a와 향락의 요소들이 작동하는 관계를 탐구하여 성적인 관심사와 유사한 지점을 공유하고 있다는 점에서 라캉의 욕망이론과 밀접한 관련성이 있다. 그것은 건축의 공간구조와 표현에 있어서 실재계의 원활한 표현에 있어서 중요한 부분이다.

1018 '간격' 과 '틈' 의 공간에 대한 건축표현 [19]

라캉과 직접적으로 관련되는 버나드 츄미의 글과 작품(맨해튼 트랜스스크립트와 스크린플레이)에서 츄미는 여러 차례에 걸쳐서 베르토프의 영화이론과 몽타주적

18) 같은 책, p120

19) 1018의 내용은 임기택, 정진석, 베르토프 간격이론과 츄미의 욕망의 구축방식의 관계성 연구, 대한건축학회지회연합회논문집 21편 4호, 2019 p51~59의 내용을 중심으로 기술됨

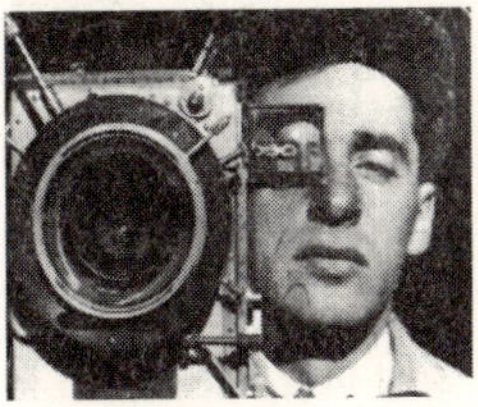

38

건축구축방법론과 기법에 대해서 언급하고 있다. 베르토프 영화의 간격이론은 정확하게 건축공간을 경험하는 과정에서의 공간의 배치와 작동방식을 조절하는데 있어서 동일하게 적용하여 실험할 수 있다. 따라서 베르토프의 영화이론은 구축방법에 있어서 동일한 방법론으로서 밀접한 관계를 보이게 된다.

베르토프는 실험적인 다큐멘터리 영화의 분야를 개척한 실험적 아방가르드였으며 시적인 몽타주, 미학의 측면에도 선구적인 감독이다. 그는 구성주의의 시각적 양식을 보여주고 있다. 그는 다중인화, 분리된 스크린, 느리거나 빠른 움직임을 통해 영상을 자극적으로 전달되도록 실험하여 전 세계 영화기법에 영향력을 미쳤다. 그는 촬영단계 사실적 기록을 중시(다큐멘터리 중심)했고 처음 등장한 몽타주 실험을 통해 편집의 중요성을 직접 확인했다. 또한 카메라가 포착한

객관적 사실은 편집을 통해 예술성을 가진 작품이 된다고 주장했다. 비록 러시아 구성주의 영화감독으로서 혁명을 전달할 중요매체로서의 다큐멘터리 이론을 발전시킨 목적성이 있었으나 그의 실험적 방법론은 선구적인 것이었다. 1919년 첫 번째 장편 다큐멘터리인 10월 혁명을 완성한 베르토프는 키노 아이Kino Eye(영화의 눈) 선언을 통해 카메라에 잡힌 현실적 삶의 가치의 중요성을 다음과 같이 밝힌다. 그의 선언은 이후 시네마 베리티Cinema Verite(영화진실) 운동(1960년대 프랑스)와 다이렉트 시네마Direct Cinema(직접영화) 운동의 모태가 되었다.

나는 영화의 눈이다. 나는 기계의 눈이다.
기계인 나는 오직 나밖에 볼 수 없는 세계를 당신에게 보여줄 것이다.
이제부터 영원토록 나는 정체성을 탈피하여 부단히 움직임으로써 촬영대상에 접근할 것이다.

38. 베르토프의 초상

나는 필름을 통해 시간과 공간의 제약에서 벗어나 모든 대상을 기록해낸다.
나의 사명은 세계를 새롭게 인식하고 지각할 수 있는 매체를 창조하는 것이다.
나는 새로운 방법과 기술에 의해 당신들에게 미지의 세계를 보여줄 것이다.

여기에서 미지의 세계는 새로운 차원의 대상a와 향유와 같은 무의식의 세계가 충족된 세계이며 사회주의 시각의 세계라고 할 수 있다. 이처럼 베르토프의 '키노아이 선언' 은 사실의 영화적 기록으로 사실을 통해 감동을 주고자 하는 운동이었다. 그는 카메라가 지닌 정밀한 관찰과 기록의 능력을 신봉했지만 픽션을 통해 감동을 주는 것에는 반대했다. 그는 내러티브의 지배가 전통적인 지배적 예술 양식의 잔존이라고 생각하여 내러티브의 전면적인 배제를 강조했다. 즉, 상업영화와 대중취향을 배격한 것이다.

베르토프는 카메라에 의한 지각의 두 가지 특징을 강조했다. 그는 인간의 자연적 지각의 한계를 넘어서서 세계의 전혀 다른 모습을 보여주는 것과 같은 시야의 확장을 통해 인식의 확장을 추구했다. 그는 카메라의 시선이 일종의 자율성을 얻을 뿐 아니라, 시점 변경의 수많은 가능성을 제공할 수 있고 시선의 자율성 획득할 수 있다고 생각했다. 즉, 인간의 몸은 구속되지 않는 자유로움을 갖고 있다는 것이다. 그는 인간이 위치할 수 있는 자연적 위치에 국한되지 않음으로써 그러한 자유로움을 누릴 수 있고, 이러한 특징을 사용해서 영화는 "세계를 감각적으로 탐색한다." 고 생각했다. 위 두 가지를 베르토프는 영화 매체가 가질 수 있는 '전적인 새로움이자 힘' 이라고 여겼다.

구성주의자들과 베르토프 영화작업의 공통점은 고전의 미학의 개념을 파기하면서 동시에 예술과 사회적 발전을 서로 연계시켜 파악하려 했던 시각을 가지고 있는 것이었다. 그들은 일상의 자연적인 지각은 당대의 지배 이데올로기에 의해 각인되어 있어 그 내용이 전달하려고 하는 것들은 일정한 변형과 왜곡을 거쳐서 나온 것들로 생각했다. 이것을 꿰뚫고 들어가기 위해서 구성주의는 일상적 지각내용의 형태뿐만 아니라 그것을 모사하고 재현하는 전통적인 장치들을 파괴하는 방법을 사용했다. 그는 원근법에 의한 깊이감 창출, 회화구도의 통일성, 자연적 형태가 연상시키는 고정된 가치평가 등을 해체할 수 있다고 보았다. 또 그는 형태해체, 분할, 추상화 작업은 자연적 지각으로 접근 불가능 했던 것을 가시화 시킬 수 있다고 보았다. 구성주의자들은 베르토프와 마찬가지로 과학적 분석이나 과학적 장치의 원리를 따름으로써, 비가시적인 현실연관을 시각적으로 변형시키는 동시에 경험 가능하게 만들 수 있다고 생각한 것이다.

구성주의의 추상화과정이란 형태화 요소의 추출과정이다. 그것은 점, 선, 면, 운동의 속도와 방향, 빛의 어둠과 밝음 등의 요소를 찾아내는 것이며, 지각대상의 기하학적 혹은 역학적 단위를 추상화해 내는 작업이며, 이러한 요소들의 결합을 통해서 새로운 연관과 의미를 출현시켰다. 베르토프도 영화를 같은 맥락으로 접근하여 제작했다. 형태화의 요소를 그는 벽돌이라고 불렀고 그 결합에 따라 집이 만들어진다고 보았다.

"벽돌로 우리는 화덕을 만들 수도 있고 크렘린 궁의 벽을 만들 수도 있으며, 그 밖의 다른 많은 것들을 만들 수도 있다. 우리는 자료필름(footage)으로 다양한 영화-대상(film-object)을 만들 수 있다."라고 언급한다.

이처럼 베르토프의 작업은 자료필름을 해체(deconstruct)하고 새롭게 편집, 배치(assemble)하는 것이며 거기서 이미지를 추출한다. 이러한 작업방식에서 베르토프의 유명한 '간격이론'이 나타나게 된다. 여기서 '간격(interval)'이란 말 그대로 하나의 틈새이며, 그것은 데리다가 차연의 개념으로 설명하는 '차이', '부재', '지연' 등의 차연의 의미를 나타낸다. 베르토프는 영화-대상을 만들어 나가는 데에 있어서 중요한 것을 '간격의 문제'라고 본다. 그는 다음과 같이 간격에 대해서 언급한다. "영화-대상의 그러한 조직화는 어떤 주어진 주제—그것이 희극적이든 비극적이든 특수효과의 성격을 갖는 것이든 아니면 그 어떤 다른 유형이든 간에—도 전개시킬 수 있게 해준다. 그것은 전적으로 시각적 세부(visual details)의 특정한 병치(particular juxtaposition)의 문제, 즉 간격의 문제이다."

여기에서 그는 영화를 구성하는 시각적 세부는 쇼트(shot)20)의 문제에 해당되며 쇼트의 구성에 관한 것으로 생각하고 구성주의의 영향에 따라 쇼트의 구성은 쇼트 내 이미지의 정지와 이동, 그 이동의 속도와 방향, 쇼트 내 이미지의 기하학적 배치, 이미지를 잡는 각도 등과 같은 요소들이 다루어지는 것으로 보았다. 그는 쇼트내의 간격에 근거해서 구성주의자들과는 약간 다른 방식의 현실관통이 가능하다고 생각했다. 그는 이런 것들이 카메라에 의해 드러나는 현실의 숨겨진 의미, 혹은 잠재된 의미를 포착하는 것이라고 생각했던 것이다. 간격은 말하자면 구성주의자들에게는 결여되어 있는, 그리고 에이젠슈타인이 무시해버린 현실 포착의 가능성을 뉴스 릴에 부여하는 것을 가능케 하는 이론적 지점이다.

그에게 병치는 벽돌과 건물의 비교에 따라 쇼트와 쇼트의 연결인 몽타주를 만드는 것이다. 베르토프에게 있어서 몽타주란 프레임 잡기, 카메라의 각도, 깊이감, 그래픽의 구도, 명암 등의 요소를 사용하여 쇼트간의 연결에 충돌을 일으키는 것이다. 즉, 그에게 몽타주는 필름쇼트들을 오브제로 생각하여 병치시키며 직조(織造)하는 작업이다. 그것은 건축의 텍토닉적인 방식과 일치하는 것이기에 베르토프 영화이론과 건축의 배치 등과 관련하여 경험적 요소들을 만드는 건축구축방법론의 유사성이 있는 부분이다. 후기 베르토프의 몽타주는 기계적 의미의 사회주의적 이상의 실현을 위한 목적의식만이 아니라 간격interval이라고 불리는 부재의 공간이 존재한다. 이는 몽타주 단위 요소들 사이의 차이에서 발생하는 틈새와 유사하여 차이의 구조를 통해 드러나기에 새로운 의식 형성 및 고취가 가능하게 만드는 것이었다.

20) 쇼트(shot): 촬영의 기본단위로 한 번에 촬영한 장면으로 연출자의 의도를 정확하게 전달하기 위한 수단이다. 피사체의 각도, 숫자, 크기 등등을 결정한다. 연출자의 의도를 정확하게 관객들에게 전달하기 위해 계산하여 끊는 단위이다. 편집시 쇼트와 쇼트의 단위를 적절하게 조절하고 조작하여 의도를 극대화하기도 한다.

베르토프의 주요작품인 '카메라를 든 사나이'는 하루가 생산되는 동안 개인의 행동, 도시 그리고 도시의 작동기제들의 이미지들을 보여줌으로써 사회와 기술적 발전의 특정 순간을 구조화된 모습들로 보여주고 있다. 이를 통해 모던시대의 소외를 극복하고 이미지를 통해 생산관계의 물질들을 보여줌으로써 노동과 생산의 변증법을 통한 새로운 세계에 대한 비전을 제시한다. 이 작품에서는 다음과 같은 그의 간격이론이 적용된 편집기법이 다양하게 실험되고 있음을 엿볼 수 있다.

39

영화기법	이미지	효 과
이중노출		다른 효과와 중복가능. 대상들과 중첩되는 효과로 사진에서도 즐겨 사용됨.
스플릿 스크린		이중 노출과 유사 두 가지가 다른 내용을 말하면서 새로운 배치의 의미생성. 카메라맨이 카메라 위에서 작업을 하고 있는 장면이 유명.
더치앵글		불안정한 각도로 불편한 감정 유도 실제세계에 대한 감각을 변형시키는 방법으로 낯선 장면 생성. 혼란과 혼돈의 감정 생성. 실제세계에 대한 새로운 인식 유도. (fast cutting, 이중노출, fast motion등이 모두 포함)
Fast Cutting	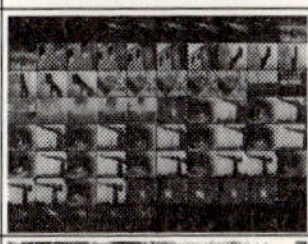	다른 장면을 계속해서 연속적으로 변환시키면서 이미지생산. 때로 머릿속에서 장면들이 뭉개지는 느낌. 이미지와 실제세계의 간격과 시간의 간격을 새롭게 인식
Slow and fast motion		의도적으로 편집장면의 시간을 늘리거나 혹은 빠르게 삽입 실제 세계의 흐름과 시간을 새롭게 인식하는 방법론

39. 카메라를 든 사나이 영화포스터
표 베르토프의 간격이론이 적용된 편집 기법

베르토프는 시간의 간격에 대한 새로운 인식을 통해 현실세계를 거리두기로 바라볼 수 있도록 하여 그것이 곧 간격에 대한 인식과 기억에 대한 인식 그리고 의미의 생성에 대한 인식을 새롭게 만들었다. 베르토프의 간격이론은 베르그송 및 들뢰즈의 시간과 지속의 개념 및 차이와 반복의 개념으로 언급할 수 있다.[21)]

츄미의 맨해튼 트랜스스크립트와 스크린플레이는 다이어그램, 투시도, 도면 그어느 것도 아니지만 모든 것이 될 수 있는 느낌의 장면, 장면들이 시퀀스를 이루며 영화적 장면과 같이 연속적으로 이어진다. 츄미는 각 지점의 장면들과 장면들을 해체하고 배치하면서 베르토프 식의 몽타주 기법을 도입했다. 또한 의도적인 앵글과 편집기법을 통해 관습적인 공간의 인식과 이벤트가 시너지를 일으키며 폭발적인 증가와 활성화, 프로그램의 복합화를 이룰 수 있게 한다.

베르토프의 영화적 기법과 같이 츄미의 맨해튼 스크립트의 경우, 투시도의 장면을 이중으로 겹쳐지게 한다던가(이중 노출) 두 가지 다른 장면을 보여주면서 유사한 느낌을 주게 한다든가(스플릿 스크린) 불안정한 각도나 대상을 왜곡시켜서 불안감이나 불편한 감정을 느끼게 하는 방법의 더치앵글을 쓰기도 한다. 계속되는 투시도의 장면들과 관련된 이미지들을 훑어보게 되면 스크립트를 보고 있는 사람은 머릿속에서 장면들이 이미지들과 섞이면서 뭉개지며 새롭게 그 투시도장면과 이미지들이 인식하게 되는데 츄미는 이러한 수법(fast cutting)을 즐겨 사용하고 있다. 그러면서도 츄미의 맨해튼 스크립트는 장면 외에도 장면들을 구성하는 평면을 동시에 부여하면서 장면을 이동하면서 느리고 빠르게 움직이는 시간의 흐름을 조작하고 시간의 간격을 공간의 간격으로 치환하여 조작함으로써 실제 공간의 흐름과 시간을 새롭게 인식하게 만드는 수법을 사용한다. 최종적으로 츄미는 전체적으로 투시도 이미지와 시각이미지들을 교차 편집하여 편집프로그램에서와 같이 배치함으로써 전체적인 시간과 공간의 이미지들을 통합하여 보여주고 있다.

21) 들뢰즈는 반복이란 차이가 계속해서 이루어지고 있는 가운데 반복을 느낄 수 있다고 강조한다. 항상 다르게 연주한다는 것은 차이를 만들어낸다는 뜻이며, 이때 차이란 분화가 아닌 미분화를 의미한다. 연주자나 가수들이 곡을 완전하게 마스터하게 되면 그 이후 자신의 음색과 특성에 따라 같은 곡을 똑같이 연주하거나 부르더라도 자신의 특성을 드러내는 차이를 만들게 되는데 이것이 바로 반복의 개념이다.

츄미는 베르토프 식의 간격이론과 관련된 영화적 기법을 건축적으로 적용하는데 있어서 다음과 같이 언급하고 있다.

"건축도 언어와 동일시해보면 건축적 현실을 구성하는 일련의 단편이라고 불릴 수 있다. 건축의 단편들(벽, 방, 길, 아이디어의 조각들)은 모두 실제로 보이는 것이다. 이런 단편들은 끝이 없는 시작과 같다. 실제적인 단편들과 가상의 단편들 사이, 그리고 기억과 환상의 사이에는 항상 틈이 있다. 이런 틈은 단편과 단편 사이의 통로로서만 존재할 뿐이다. 그 틈들은 기호가 아니고 교체자이다. 그 틈(간격)들은 흔적이며 중개자이다."[22]

또한 그는 다음과 같이 말한다.
"다시 한 번 말하건대, 건축이 그런 작동을 매우 훌륭히 활성화 시킬 수는 있지만 건축이 꿈(사회나 개인의 무의식적인 욕망이 충족될 수 있는 무대)은 아니다. 건축이 결정적인 환상을 만족시켜줄 수는 없지만 환상의 한계를 초월할 수는 있을 것이다."[23]

맨해튼 트랜스스크립트에서 구조(또는 프레임), 형태(또는 공간), 이벤트(또는 기능), 신체(또는 움직임), 그리고 가정(또는 이야기) 간의 구분은 건축적 중첩, 충돌, 왜곡 등의 기법을 통해 실재계가 상징계와 접속하고 드러나게 만든다. 헤이스 교수에 의해 레이트 아방가르드 건축가로 분류되는 츄미는 실재계의 요소들을 드러낼 수 있게 하기 위해 베르토프의 사이와 틈의 간격이론을 건축적으로 적용하여 효과적인 실재계의 대상a와 향유적 요소들이 드러나며 경험될 수 있는 프로그램과 건축요소들을 병치방식으로 지속적으로 실험했다.

버나드 츄미는 간격(틈)의 텍토닉에 있어서 다양한 방식으로 실험을 수행했다. 특히 그는 실재계의 대상a와 향유적인 요소들이 현실에 접목하여 원활하게 드러

22) 같은 책, p94
23) 같은 책, p96

나고 상호 교통할 수 있는 방식에 관심을 집중했다. 그는 건축구축방법론적인 측면에서 프로그램을 병치시키고 간격의 틈을 조절하는 방식을 베르토프의 간격이론으로부터 사용했다. 그는 베르토프로부터 영향을 받아 영화적 기법을 다양하게 실험함으로써 해체주의 건축이 유행하던 시기에 세계적인 명성을 얻었으며 이러한 주제를 중심으로 이론과 건축 작업에서 꾸준히 실험하고 있다. 전통과 단절되어 새로운 시스템이 무작위적으로 삽입되며 역사와 유리되는 경험을 하게 된 서구인들에게 이렇게 이성의 폐해를 극복하고 역사를 이어나가면서 동시에 이성에 의해 의도적으로 배제되었던 요소들, 즉 실재계의 잔여물들이 역사적인 것들과 어울려 효과적으로 드러날 수 있는 방법론을 추구했기 때문이다. 5가지의 영화기법을 실험하면서 간격이론을 성립시킨 베르토프 방법론은 건축구축방법론으로 적용가능하며 그것은 실재계에 남아있는 욕망의 잔여물들이 현실의 공간과 움직임, 이벤트 등을 통해 효과적으로 드러나게 하여 이성의 폐해를 극복할 수 있는 방법론으로서 상호 연계된다.

1019 알레고리의 건축표현

알레고리는 '무언가 다른 것을 말하기(other speaking)' 의 의미를 지닌 그리스어 알레고리아(allegoria)를 어원으로 한다. 하나의 이야기가 일차적으로 의미하는 동시에 이차적으로 지니도록 하는 것이다. 이솝우화와 같이 이야기 자체가 현실세계에 교훈을 주는 방식이라던가, 신화와 옛 이야기가 현실의 정치와 접목되면서 풍자를 하는 식의 이야기들이 그러하다. 쉽게 이야기해서 우리가 잘 알고 있는 이야기가 현실과 접목되면서 다른 차원의 복합적인 이야기가 되어 다른 의미를 생성해 내는 것을 의미한다. 그것은 하나의 텍스트가 하나의 의미를 내보이면서 동시에 다른 차원

45

45. 라캉이 자주 언급하는 안티고네의 알레고리

에서 다른 의미를 생성해내는 효과를 보이는 것이다. 따라서 알레고리를 만들어내는 콘텐츠를 보는 사람은 바라보는 과정에서 개인의 심상에서 자신의 배경지식과 감정에 따라 복잡한 연산화의 과정을 거쳐서 새로운 의미를 생성해내게 된다. 해체주의 이론에서 그것은 양측을 끊임없이 왕복하는 '상호텍스트성' 의 개념과 연계된다. 또한 그것은 해체주의에서 중요한 차연의 개념과 연계되기도 하며 알레고리화의 과정은 의미화가 지연되면서 새로운 의미가 생성되는데 그것은 데리다의 '미래완료의 글쓰기' 의 개념과 맥을 같이 한다.

라캉의 시지각 분절이론으로 이야기 하면, 주체가 객체를 일방향으로 판단하고자 하는 근대 이성의 폐해를 극복하기 위해 객체의 시각이 동시에 상호작용하여 중간에서 마름모꼴의 이미지-스크린이 생성된다. 이 마름모꼴은 응시(관조)를 통해서 실재계(심상)으로 통하는 문의 역할을 한다. 이 스크린을 통해 우리는 실재계에 등록되어 어떤 방식으로든 상징계로 솟구쳐 나오고자 하는 대상a와 향유의 요소들과 조우하게 된다. 그 과정에서 기괴함, 불편함, 복잡한 연상화의 단계를 거치면서 새로운 의미를 생성하게 된다.

알레고리 기법은 언어적으로는 환유적 은유와 밀접한 관련이 있다. 환유적 은유는 친숙화하기와 낯설게 하기를 동시에 수행하면서 간극(사이)에 있는 대상들 사이에서 중층적으로 관계를 맺어주는 역할을 한다. 상호작용은 크로스오버, 혼성, 짜임, 섞여 들어감의 행위와 연계되고 이 과정을 통해 전혀 다른 새로운 혼성의 존재가 생성되면서 새로운 창조의 원천이 된다. 이처럼 알레고리 기법은 해체주의 사유의 친숙한 개념들인 차연, 상호텍스트성과 라캉의 실재계 및 시지각 분절이론을 관통하게 된다. 이 기법은 이성적 자아 이면의 무의식의 요소들과 중층적으로 의미를 관계 맺으면서 새로운 의미를 생성하는데 있어서 탁월한 이해와 생성의 방법론을 제시하고 있다. 그것은 자연스럽게 무의식을 드러내면서 독특한 감정을 일으키는 초현실주의 예술과 연계되며 특히 이러한 기법은 제임스 조이스의 소설과 벤야민의 알레고리 개념에서 주요하게 사용된다.

이 지점에서 우리는 1권에서 살펴보았던 벤야민의 아케이드론 등의 알레고리화의 개념과 연계될 수 있음을 상기해야 할 것이다. 유럽 대도시의 다양한 이미지의 축적과 요소들을 통해 실재계의 잔여물들이 온전하게 드러나면서 보이는 현실 이면의 것까지도 함께 사유하고 지각하고자 했던 그의 방법론은 달리 이야기하여 실재계가 온전하게 표현될 수 있는 문학적, 시각적 방법론을 선구적으로 실험한 것이다. 그것은 알레고리의 기법과 매우 유사한 방식이다.

알레고리화의 건축표현은 건축구축방법론에 있어서 프로그램 및 공간구축 요소들이 상호 교차하고 관습을 벗어난 배치를 의도적으로 수행함으로써 성취될 수 있다. 즉, 건축가는 의도적으로 프로그램 내지는 공간 구성과 경관과 관련된 표현적 부문에 있어서 환유적 자리바꿈과 의도적 낯설게 하기를 강조함으로써 관찰자와 공간을 경험하는 사람들로 하여금 복잡한 알레고리화의 경험을 하도록 인도한다. 그것은 건축가가 세심하고 면밀하게 의도한 것이지만, 많은 건축적 경험과 실험가운데 성취될 수 있는 것이다.

이데올로기와 정치의 건축적 특성

1020 대타자로서의 도시 개념과 욕망(신자유주의, 뉴욕, 두바이)

지젝의 담론은 프로이트가 제기했던 무의식을 분석하는 틀을 사회적 욕망, 증상, 이데올로기적 환상을 분석할 수 있는 담론으로 발전했으며 그의 정치적 활동과도 연결된다. 상징계에 진입하여 안착한 요소들은 이미 실재계에 놓고 온 잔여물들로 인해 결핍되어 있는 상태이다. 결핍되어 있는 상태로 상징계는 구조화되어 있는 것이다. 한편으로는 의도적으로 상징계는 실재계의 잔여물들을 의도적으로 배제했다고도 볼 수 있다. 그러면서 상징질서는 대타자의 욕망이 솟구쳐 올라 투사되고자 계속해서 넘실거리고 있다.

라캉은 마르크스의 업적중 하나로 그가 '증상' 으로 명명한 개념을 처음 만들었다고 주장한다. 자본사회에서 화폐의 도입과 교환가치의 수단으로 이용한 것은 획기적인 발명이었다. 화폐 자체는 아무것도 아니지만, 가치를 상징하고 교환할 수 있는 매개물이다. 그러나 자본사회에서는 화폐 그 자체가 '돈' 으로 숭배되고 그것 자체가 물질과 노동력을 교환하고 일을 수행하는 엄청난 힘을 가진 것으로 착각하게 만들고 오인하게 만든다. 역설적으로 그러한 오인이 있기 때문에 돈으로 인력과 재화를 교환할 수 있는 필수조건이 되기도 한다. 우리 자신은 화폐 자체에 아무런 가치도 있지 않다는 것을 알고 있으면서도 동시에 돈 자체가 마술과 같은 위력이 있음을 인식하고 자본사회에서 생활하고 있다. 그러기에 돈 자체를 숭고한 것으로 숭배하게 되는 것이다. 지젝이 성경의 말을 인용하여 표현하는 바대로 '그들은 자신들이 행하고 있는 것을 알지 못한다' 는 것이다.

수탉은 실제 닭이 아닌 모형 암탉의 머리를 앞에 놓으면 구애의 몸짓을 보인다. 그것은 마치 인간이 실제가 아닌 컴퓨터로 전송되는 비트bit의 연예인 스타 이미지라는 정보를 보며 애모의 감정을 가지는 것과 유사하다. 실제로는 디지털 정보information를 접하는 것일 뿐인데 자신의 환상을 설정하고 그 속에서 이루어질 수 없는 환상을 향유하는 것이다. 그 환상 속에 실제로 연예인과의 만남과 사랑은 이루어질 수 없는 것이 현실이다. 그럼에도 사람들은 그러한 환상을 설정하여 즐긴다.

돈의 역설적인 증상과 마찬가지로 사회에서 당연한 것으로 간주되어 무의식적으로 행하게 되는 것이 이데올로기인데 이데올로기 자체는 그것이 인지되지 못한 상태에서 습관적으로 반복되며 행해져야 그것이 이데올로기가 될 수 있다는 역설이 성립된다. 이데올로기 안에서 행동하는 사람은 그것을 인식하지 않고 혹은 그것을 돈과 같이 알면서도 회피하듯 돈 자체에 어떤 힘이 있다고 가정하고 행동해야 한다. 증상을 '향유' 할 수 있어야 그 시스템 속에서 움직일 수 있게 되는 것이다. 일종의 환상을 창조하고 그것을 믿고 있어야 그 시스템이 무리 없이 작동되는 것이다. 이데올로기에는 이러한 측면이 존재한다. 우리는 착각하고 있고 그것을 알면서도 그렇게 행동하는 것이다. 환상이 그 시대의 문제를 은폐하고 결핍을 은폐하는 것이다. 그렇다면 우리는 이와 연계하여 건축에서 '환상을 은폐하고 결핍을 은폐하는 요소는 무엇인가?' 에 대해서 생각해보아야 할 것이다.

46

46. 사막한가운데의 신기루 환상의 도시, 두바이

신자유주의의 이데올로기와 인간의 환상이 만들어낸 도시가 있다. 바로 사막한가운데 세워진 두바이이다. 두바이는 사막에 세워진 기적과 같은 도시이다. 척박한 사막의 땅에 높은 마천루, 엔터테인먼트 시설, 바다연안의 부호들의 휴양별장들이 배치된 인공 섬들이 세워질 줄을 누가 상상했었을까. 두바이의 도시풍경은 사막의 환경에서 일반적으로 지속가능하지 않은 도시계획임을 누구나 알고 있는 상황이다. 이 도시는 유가가 높은 시기에 산유국에서 벌어진 대규모 개발사업이었기에 가능했고 오일달러로 유지되는 도시라는 사실은 누구나 알고 있는 바이다. 그럼에도 불구하고 두바이는 많은 사람들이 꿈꾸는 청사진과 함께 투자로 많은 개발이익을 벌고자 하는 인간의 욕망으로 빚어진 도시라고 볼 수 있다. 아무것도 없었던 사막의 한 가운데에 신기루와 같이 마천루와 각종 첨단 도시의 요소들이 우후죽순처럼 들어서게 되었다. 가로를 만들고 커뮤니티 공간과 주거를 만들기도 하지만 그 내적 구성은 신기루와 같다. 세계 각국에서 투자된 비용은 컴퓨터상의 클릭 한번으로 일순간에 빠져나가게 되면 심각한 문제가 발생할 수 있다. 실제로 미국의 금융위기 때 두바이의 거품은 급격하게 붕괴되며 두바이에 큰 충격을 주었다. 그것의 부작용과 문제점은 누구나 인정하는 부분일 것이다. 두바이는 오랜 시간에 걸쳐서 풍토에 맞추어 지역성을 형성하며 자연스럽게 선조의 지혜가 녹아들어 형성된 도시가 아니라 일순간에 무에서 유를 만들어낸 동시대 신자유주의 특성을 상징하는 도시가 되었다. 대부분의 유럽 역사도시 그 자체는 대타자C의 도시이며 역사 그 자체가 실재계에 작동되어 현시된 것이다. 이러한 개념은 '문체는 그 사람 자신이다.', "인간의 욕망은 대타자의 욕망이다."라고 하는 것과 마찬가지로 많은 시민들의 심리(실재계)속에서 욕망했지만 표출되지 못했던 것들이 서서히 때로는 급격하게 작용하여 만들어낸 역사로 굳어진 산물이다. 역사도시는 지리적 한계속의 상호 인간관계 때문에 역사와 도시에 대한 책임의식이 강하다. 그러나 두바이와 같이 전 세계인의 투자를 이끌어냈던 도시는 콘텍스트 연속성과 책임에 있어서 매우 자유로운 도시이다. 지역적, 역사적 한계와 책임에서 자유로운 도시는 달리 말해 거품이 붕괴될 때 많은 대가를 치루어야 할 것이다.

47

지역에 국한되는 시대에는 지역의 이데올로기와 외부조건, 상징계의 규칙에 의해 이루어질 수 없었던 것들, 현실의 비루함과 비참함을 가려주며 점진적으로 욕망이 현시되어 오랜 역사를 이룬 역사도시를 만들었으나, 세계화 상황에서는 지역을 넘어 인류 공통이 새로운 차원으로 꿈꾸고 욕망하는 도시와 주거는 전혀 다른 환경에서 경제의 거품이 생성되는 시기에 함께 진행되었다. 즉, 두바이는 전 세계인에게 이상향과 같은 청사진을 제시하며 열려있던 투자처였으며 불가능한 환상을 만족시켜주는 관념속의 장소였다. 그것은 마치 모래발 위에 세운 바벨탑 같은 것으로 모래성을 쌓는 것과 같은 것이었다. 상징계라는 현실을 살아가는 사람들에게 두바이는 실재계의 환상(향유) 그 자체였고 현실과의 간격은 매우 깊었다. 한 도시에 가장 크고 높은 마천루가 세워지면 완공을 기점으로 경제가 급격하게 곤두박질치는 현상 역시 이러한 환상과 상징계라는 현실과의 깊은 간극 때문이다.

뉴욕은 인류의 다양한 욕망이 집약되어 등장한 도시이다. 전 세계 인종이 모여 있고 부가가치가 높은 금융과 서비스 산업이 주가 되고 있다. 자유경쟁을 기본조건으로 하고 있기에 도시의 양상 역시 그러한 조건을 반영하여 최대한의 건폐율, 용적률을 적용한 마천루들이 그리드로 이루어진 대지로부터 수직으로 솟아났다. 뉴욕 도시건축의 역사는 인류 건축역사에 있어서 새로움과 거대함과 화려함, 기발함, 욕망이 가장 즉물적으로 현시되어온 역사이다. 그래서 가장 크고, 가장 높고, 가장 화려하고, 가장 멋진 건축적 실험들이 벌어져왔던 도시이다. 자유롭게

47. 욕망의 수직으로 발현된 도시, 뉴욕

최대한 이익을 얻기 위해 노력하고 새로움을 창조하는 분위기로 인해 뉴욕은 전 세계에서 가장 화려하고 부가 넘치는 도시로 알려져 있다. 다양한 모습으로 혼재되어 수직으로 확장된 마천루들은 마치 초현실주의의 자동기술법과 같이 동일한 프로토타입의 평면이 확장되면서 공간들은 다양한 프로그램으로 생성되는데 프로그램들은 그 시대의 인간의 욕망이 초현실주의처럼 이루어지면서 욕망을 성취시키는 환상을 만들어낼 수 있는 구조였다.

전 세계에서 꿈을 안고 이주해온 뉴욕의 현실은 각박했을 것이다. 그러한 현실을 잊게 만드는 환상을 만들어내는 건축적 하드웨어인 마천루라는 증식된 상징물과 욕망의 자유로운 프로그램의 배치는 그러한 현실의 어려움을 가리는 이데올로기적 장치였다. 자유경쟁이라는 단어가 긍정적으로 보이지만 달리 이야기하면 강자와 약자들이 다른 나라에 비해 상대적으로 자유롭게 뒤섞여 경쟁하기 때문에 약자가 강자 틈 속에서 살아남기란 사실상 쉽지 않은 게임이다. 따라서 5% 내외의 상위 인력을 위해 나머지 95%의 이민자들이 그들을 서포트 하면서 상대적으로 장시간 노동해야 하는 불편한 진실은 가려져 있다. 상징계의 현실은 이렇게 가혹한 것이다. 실재계의 대상a와 향유의 환상이 상대적으로 자유롭게 표현되고 유혹하고 있는 뉴욕은 일확천금의 부와 명예를 획득하기 위해 오늘도 이민자들은 전 세계 로터 이 화려한 도시로 유입되고 있다. 화려한 도시라는 환상과 이데올로기는 상징계라는 현실의 가혹함이 가려진 채로 말이다.

한국사회에서 고도개발의 시기 이후 계속해서 벌어지고 있는 이데올로기 현상이 있다. 아파트 모델하우스와 신도시의 장밋빛 개발계획안에 도취되어 자신도 모르는 사이에 분양을 위해 전날 밤 혹은 새벽부터 모델하우스 앞에 줄을 길게 서는 풍경이다. 그들은 자신이 왜 그 불편을 감수하면서까지 미리 나와 줄을 서는지 알지 못한다. 물론 그들은 당첨되면 분양권 매도를 통해 일정부분 짧은 기간 안에 시세차익을 얻을 수 있는 것만을 알 뿐이다.

48

건축과 관련하여 한국의 모델하우스는 아파트라는 당시 사회의 이상적인 주거형태와 실내주거의 환상을 만들어낸다. 모델하우스는 외부에 창이 없는 쇼핑몰과 유사한 형태를 띠는 한시적인 건축물이며 마감되면 곧 해체되거나 다음 분양을 위해 폐기되는 소비의 기표로서 작용한다. 분양신청을 위해 밤을 새며 긴 줄을 서 있는 많은 사람들 가운데 우리는 타자들이 욕망하는 것을 갖고자하는 욕망이 극대화되는 경험을 하게 된다. 마치 백화점의 만보객과 같이 상품으로서의 기표인 아파트 모델하우스의 주거가 많은 사람들(대타자)의 욕망 가운데 그것을 욕망하게 되고, 계속해서 부풀려지며 욕망은 모델하우스로 많은 사람들을 끌어 모으게 된다. 강남 복부인과 투기세력 그리고 시공(시행) 업자의 욕망은 이렇게 서로의 니즈를 충족시키며 오늘날의 대한민국 아파트 공화국을 만들었다.

49

48. 아파트 분양 광풍과 오랜 기다림
50. 푸른 초원 위의 아파트 주거의 환상

그러한 현상은 마치 사회적 현실의 이상향과 같은 도피처를 찾는 행위와 같다. 일차적으로는 당첨이 되면 상당금액의 돈을 벌 수 있다는 로또와 같은 막연한 기대감 때문이겠지만 그것이 장밋빛 청사진속에 가려진 토건세력과 정치권에 오히려 부를 가져다주고 본인은 대출 빚의 굴레 속에 들어가게 되는 것을 알지 못한다. 또 신청하는 주거의 질이 획기적이지 않더라도 넘치는 수요로 인해 건설사는 굳이 최선의 노력과 자본을 투자하지 않기에 주거의 발전은 답보상태를 보이게 된다. 미시적으로 보면 신청자는 일정 금액의 돈을 벌은 것으로 생각할 수 있지만 거시적인 시각으로 보면 결국은 제살을 깎아먹고 있는 형국인 것이다. 정치권과 토건세력이 만들어놓은 이데올로기에 순응하면서 우리는 오랜 시간동안 속고 있는 것이다. 우리는 왜 우리가 이렇게 밤새워 기다리며 줄을 서서 기다리는지 알지 못한 채 행하고 있는 것이다.

1021 인종주의의 환상 가로지르기

인종문제와 함께 민감한 정치문제와 관련하여 우리는 2차 세계대전 중 히틀러가 저지른 만행을 상기해야 할 것이다. 히틀러의 나치시절 유태인을 위험한 민족으로 낙인 짓고 게토지역에 거주시키다가 전후 대학살의 과정으로 이끈 것을 상기해보자. 이러한 역사적 사실에서 극단의 이데올로기가 얼마나 위험한 것인지를 인식할 수 있다. 당시 독일 국민들은 히틀러의 나치가 만들어놓은 환상에 속아 자신이 어떤 악을 행하는지도 인식하지 못하는 상태에서 이데올로기에 휩쓸려 돌이킬 수 없는 악을 저질렀다. 파시즘이 만든 이데올로기는 유태인을 적대적인 계급논리로 분리하기 시작하고 이어서 이미지를 '압축' 하는 과정을 통해 탐욕스럽고 무능하며 더럽고(게토지역 거주), 경제적 폭리(고리대금업), 종교적 타락의 이미지를 덧씌워 뒤틀린 악의 세력으로 만들어서 제거해야한다는 명분을 형성하게 된다.

일단 이러한 환상이 형성되면 그것은 사회적인 병적 '증상' 으로 발현하여 지속된다. 그것 자체가 이데올로기가 되어 자신이 무엇을 하는지도 모르는 채로 악을 지

50

속적으로 행하게 되는 것이다. 이질적으로 떠다니는 유태인의 기표들을 통합시켜 하나의 거대한 사회악의 이미지로 만들고 난 이후, 이데올로기화하여 억압하는 지속력을 유지시키는 것이다. 당시 독일 국민은 그러한 환상을 '향유' 하며 지냈다. 한나 아렌트가 저술한 『예루살렘의 아이히만』에서 그녀는 악의 평범성을 언급하며 유태인과 집시에 피해를 당할 것이라는 '환상' 에 사로잡혀 아무런 의심 없이 히틀러의 사악한 명령에 성실히 순종하며 일상을 보낸 '평범한 관료' 에 대해서 분석한다. 당시의 독일인들은 바로 그러한 실재계의 '환상' 에 의해 상징계의 현실에서 윤리적 책임을 망각한 것이었다.

오늘날 인종과 관련된 편견에도 이러한 논리가 적용된다.
지젝은 인종주의가 발생하는 원인은 환상들 사이의 충돌이 만들어내는 것이라고 생각한다. 그에 따르면 환상은 주체가 상징계로 진입하면서 온전하게 진입하지 못하고 남겨진 잔여물의 틈과 간극을 메우기 위해 일시적으로 만든 것이며 타자의 욕망을 드러내는 것이다. 그것은 실재계에서 왜곡된 상태로 드러나며 특이성을 표출하고자 한다. 그것은 주관적이기 때문에 극히 타자의 침입에 민감하다. 그래서 인종주의는 개별적인 환상들이 만들어내는 충돌이라고 언급되는 것이다. 다른 인종은 각각 특별한 향락을 훔치려

51

50. 히틀러의 유태인 박해와 독일국민의 지지
51. 폭력적 인종차별 KKK

고 하고 있고 특권적인 접근방식을 지니고 있다. 지젝은 인종주의와 다음의 세 가지 부분에서 투쟁해야한다고 언급하고 있다. 첫째, 어디에나 있을 수 있는 다른 개인의 환상 공간을 침범하지 말아야 한다. 둘째, 시민사회의 환상에 대한 완충지대로서 정부를 계속 이용해야 한다. 셋째, 환상의 이면을 드러내기 위해 거기에는 아무것도 없음을 폭로하기 위해서 환상을 통과하는 실천을 감행해야 한다.[24]라는 것이다. 무언가 동일성과 전체주의는 상징계에서 미처 표현하지 못하고 남게 되는 잔여물과 보충을 필요로 한다. 이원론적인 한계를 초월한 보편속의 특수자의 관계가 있다. 기독교가 있다면 기독교가 돌출하여 나온 것이고 무슬림이라면 이슬람이 종교의 전체성에서 돌출하여 나온 요소이다.

지젝은 보편적 매체에 진입하기 위해 우리는 충만한 신체로서의 자기를 상실해야 한다고 주장한다. 그는 '대타자에 복속되면 우리는 신체에 직접적으로 접근하는 것은 포기하고 대신 언어를 매개로 한 간접적인 관계만 맺는다'.[25]라고 생각한다. 빗금 쳐진 주체($)와 향유는 양립할 수 없다. 환상이 향유를 조직하는 방법이라고 할 때 인종적 긴장은 환상들 간의 갈등에서 비롯된다. 그들의 특이한 환상은 우리의 환상과 충돌한다.[26]

지젝은 우리가 인종과 관련된 파시즘적 이데올로기와 관련된 악에 저항하기 위해서 지속적으로 그러한 환상을 파괴하고 제자리를 찾아가기 위해 그러한 환상을 조장하는 세력에 저항해야 한다고 생각한다. 사람들은 2차 세계대전 중 나치가 저질렀던 유태인의 게토의 설정과 홀로코스트에 대해서는 잘 알고 있지만 미국에서도 독일계 사람들을 게토화시켜 분리하고 하려는 계획은 잘 알려져 있지 않다. 또 미국이 중동 이라크와의 전쟁 중 관타나모 수용소에서 벌어진 학대행위에 대해서는 애써 외면하고자 하는 제스처를 취하는 것은 쉽게 잊혀졌다.

지젝은 인종주의의 공포와 차별은 그 집단의 환상이 만들어낸 것이라는 견해를

24) 마이클 헤이스, 건축의 욕망, 조순익 역, spacetime, 2011, p203
25) 같은 책, p184
26) 같은 책, p196

가지고 있다. 인종과 관련하여 환상을 만들어내는 것은 패권국가인 단일 국가와 혹은 하나의 집단에서 다른 인종의 침입에 대한 두려움 내지는 생물학적 방어적 대응반응으로 나타나는 것이라고 생각한다. 전체구성원이라는 타자의 욕망에 대한 방어를 의미한다. 전체가 욕망하는 것(무엇을 원하는가?Che voui?)들이 방해받지 않기를 원하는 것으로부터 나타나는 방어시스템이 작동하는 것으로 보는 것이다. 패권을 유지하는 한 집단이 욕망하는 환상은 하나의 프레임을 설정하게 마련이다. 다른 인종이 들어와 한 집단이 욕망하는 환상을 깨트리는 것을 두려워하는 것이 인종주의이다. 환상은 결코 적절하게 실재계에 대응한 것이 아니라 일그러진 왜곡된 상이다. 그래서 우리가 실재계의 향유를 즐기는 방식은 현실에 부조리하게 만들어진 이데올로기와 대응하여 만들어진 것이다. 따라서 환상은 우리가 향유를 대하고 관리하는 방식이 드러난 것인데 그들은 다른 인종이 우리의 환상을 깨트리고자 한다는 공포를 설정하고 배제하게 된다. 결국 인종주의는 한 인종과 다른 인종과의 환상들이 격돌하는 장면으로 달리 이야기할 수 있을 것이다. 세계화되고 신자유주의가 지배하는 현실세계에서는 더욱더 이러한 인종적 갈등이 첨예하게 맞닥뜨리게 될 것이다. 지젝은 환상이 합리적인 이성으로는 해결이 불가능하기 때문에 다음의 대안을 제시한다.

첫째, 어디에나 있을 수 있는 다른 개인의 환상 공간을 침범하지 말아야 한다.
둘째, 시민사회의 환상에 대한 완충지대로서 정부를 계속 이용해야 한다.
셋째, 환상의 이면을 드러내기 위해 거기에는 아무것도 없음을 폭로하기 위해서 환상을 통과하는 실천(환상 가로지르기)을 감행해야 한다.

라는 것이다.

개인의 환상공간을 침범하지 말아야 한다는 것은 다원화된 사회에서 각 인종 혹은 단체의 정체성과 성향에 대해 함부로 판단하지 말고 존중해주어야 한다는 의미이다. 차이를 인정하고 존중하는 것이 건전한 사회의 가장 우선적인 전제조건일 것이다. 또한 정부가 계속해서 갈등이 존재하는 곳에 개입하여 상호소통을 주관하며 타협의 결과를 내기 위해 적극적으로 봉사해야한다는 의미이다. 또한 두 번째는 환상의 부조리함을 알리기 위해 맞불작전에 해당하는 대립되는 환상을 제기함으로써 환상을 제거하는 스마트한 전략이 필요하다. 그러나 이것은 매우 신중해야 한다. 환상은 부조리한 현실을 가리거나 타협하는 방식으로 구조화되어 있기 때문에 섣불리 제거하고자 하면 거센 저항에 직면할 수 있기 때문이다.

오늘날 교외 지역의 상류층이 거주하는 레비타운, 도심으로의 젠트리피케이션 현상으로 인해 상류층이 자신들의 철옹성을 만들어 출입 및 통제를 강화하는 사회 분위기와 물리적 현상은 이렇게 자신들의 환상을 만들어 놓고 그것을 향유하며 외부의 침입을 극도로 꺼리는 실재계의 욕망과 맞닿아 있는 것이다. 우리는 건축적 환상 가로지르기를 통해 이러한 공고함으로의 변화를 더디게, 또는 환상 가로지르기를 극복할 수 있는 방안에 대해서 생각해보아야 할 것이다. 즉, 오늘날 이러한 현상은 교외의 한적하고 호화로운 레비타운과 도심의 젠트리피케이션으로 인해 수직으로 솟아있는 철옹성과 같은 도심재개발 주거단지에서 쉽게 찾아볼 수 있다. 셉테드(CPTED)라는 범죄예방 환경설계는 안전을 위한 개념으로 이들 단지는 자연적 감시방법론과 전자감시장비가 더해져서 더욱 감시와 통제를 강화시키는 개념이다. 이러한 현상으로 안전이 강화되는 장점도 있지만 부촌과 빈민촌의 경계가 더욱 명확해지는 경향이 심화되고 있는 것도 고려해야 할 것이다.

쉽게 이야기해보자. 우리가 어렵게 돈을 모아 모처럼 해외여행을 갔다고 가정해보자. 물론 여유가 넘치는 사람도 있지만 대다수는 어려운 현실에서 절약한 돈으로 여행을 하게 될 것이다. 남들이 일하고 있는 동안 해외 이국적인 환경에서 현지 외국인과 즐겁게 대화하며 현지 음식과 경치를 즐기며 휴가를 보내게 되는 환상을 품고 떠나게 될 것이다. 그러나 현실은 어떠한가? 대부분의 유명관광지에는 한국인들이 넘쳐난다. 그러한 관광지에서 우리는 떠나기전 자신이 만들어놓은 환상을 깨기 싫어서 한국인들을 피하게 되는 경험을 하게 된다. 이것이 바로 환상이 외부 요인에 의해 깨지는 것을 두려워하는 메커니즘과 유사하다고 할 수 있다.

1022 건축 이데올로기의 환상 가로지르기

지젝에게는 정치적 영역 역시 변증법적인 법칙이 지배하는 영역이다. 그는 상징적인 법체계와 그 이면의 초자아가 협력하기도 하는 무의식적 세계로부터 나타나는 현상에 집중한다. 그는 정, 반의 대립적인 요소들이 서로 내통하거나 개념이 본질 속에서 뒤바뀌듯이 서로를 상호보완하고 자리바꿈을 하는 관계를 중시한다. 자유로운 것이 오히려 부자유스럽고 구속적인 측면을 낳는 상황이나 암담한 구속의 순간에서 오히려 다른 탈출구를 만들어내는 상황 등과 같은 내용이다. 이처럼 지젝의 사유는 끊임없이 부정어법을 사용한다. 그것은 기존 이데올로기에 익숙한 주체들에게 주위를 환기시키는 질문을 끊임없이 제기함으로써 효과적으로 현실의 이데올로기를 다시 생각하고 균열을 일으키게 하는 효과적인 방법론인 것이다. 기표들의 네트워크로 구성된 세계는 의미화의 사슬로 이루어져 있다. 언어는 폐쇄된 세계를 구성하면서 경험을 구성한다. 그것은 같은 현상의 상반된 시각의 평가와 해석이 존재하는 것이다. 예를 들어 같은 인물을 다른 사람으로 부르는 경우이다. 우리에게 안중근, 윤봉길은 독립과 자유의 투사이지만 일본에서는 테러리스트라 부르는 경우가 그것이다. 마찬가지로 한 가지 사건을 두고 전혀 상반되게 해석하고 파악하는 것은 이데올로기의 한 측면이다. 현실은 그대로인데, 그것을 해석하는 방법과 당파적 시각에 따라서 또는 팩트는 그대로인데 해석은 그 팩트 주위를 맴돌며 본질을 비껴가는 것이다. 이때 사건은 실재가 현실에 침입한 것이라고 볼 수 있다. 지젝은 대타자의 권위붕괴에 따라서 탈근대성이 발생한다고 생각한다. 지젝에 따르면, 대타자의 금기가 결여된 상황에서 주체에 고유한 재귀성은 노예의 복종, 편집증, 나르시시즘과 같은 것에 대한 집착으로 나타난다고 생각한다.[27] 그는 혁명을 통해 자본사회에 새로운 주체가 존재하는 새로운 상징질서가 자리 잡을 수 있을 것이라고 생각한다.

이데올로기의 개념을 전파시킨 알튀세르의 이데올로기 개념은 이데올로기 기계로 작용하는 직접적인 억압기구(군대, 경찰, 학교, 행정청과 명령체계)와 그것을

27) 같은 책, p123

유지시키는 체계와 함께 일상을 구성하며 강제하는 다양한 현실구성의 체계(교육, 법률, 문화, 노동조합)까지 이데올로기라고 보았다. 그것이 다층적으로 복합적으로 구성되면서 우리사회를 재구조화하고 억압하고 작동하게 만드는 체계로 본 것이다. 그러나 지젝의 경우 사회 이데올로기 개념에 실재계의 개념을 접목하여 환상을 유지하기 위해 알면서도 행하게 되는 냉소적인 이데올로기 시스템에 대해서 설파한다.

지젝의 개념에서 사회의 이데올로기는 라캉의 실재계와 밀접한 관련을 가지는 것으로 이해되고 있다. 이데올로기는 상징계에 드러나지 못하고 사람들의 심리의 실재계에 남겨진 억압된 것들이 회귀하는 유령과 같은 보충물로서 만들어지는 것이기 때문이다. 앞서 지젝이 라캉의 욕망의 그래프를 분석하면서 중요한 두 가지 특성을 언급했듯이, 인간의 정신은 상징계와 실재계로 분열되어 있고 그것을 대체하기 위해 대상a에 집착하거나 환상이라는 대체물을 만들어낸다고 했다.[28] 마찬가지로 지젝은 더 나아가 현실이 분열되어 있고 그것을 가리기 위해 현실의 환상을 만들어내는 것으로 간주한다. 억압된 것의 회귀로부터 만들어지는 부정적인 사회적 증상들을 완화하기 위해 환상을 만들어내는 것은 일시적으로는 효과가 있을지 모르지만 근본적인 치유법이 될 수 없을 것이다. 그것은 끊임없이 상징계의 틈을 가르고 나오고자 하고 영향을 미치려고 하는 것들이다. 그리고 장시간에 걸쳐 결국은 그렇게 만들어간다. 그것이 바로 역사라고 할 수 있다. 실재계에서 억압된 것은 상징계에서 어떠한 형태이든 증상이 나타나게 마련이다. 지젝은 그러한 증상을 만드는 억압된 것들을 화해시키고 안정화시키는 방법은 본질적으로 우리의 욕망을 실재와 대면하는 것이라고 주장한다. 실재와 대면하면서 이데올로기를 비판하는 것이 중요하다. 또한 실재의 억압된 것들을 적절하게 만족시키기 위해 근본적으로 욕망하는 것이 무엇인지에 대해서 진지하게 성찰해야 한다. 그러므로 우리는 합리적인 영역 이외에 실재계에 등록된 언캐니(uncanny)한 것과의 조우(마주침)와 성찰이 중요하며 여기에서 앞서 살펴본 조형분야의 시지각 이

28) 첫째, 무의식은 기표 메커니즘과 욕망 메커니즘이 동일한 구조로 두 개의 층을 이루며 긴밀하게 이어져 있다. 둘째, 또 하나 중요한 것은 기표 메커니즘이 우선시된다는 점이다.

론의 중요성이 드러난다.

그동안 역설적으로 이야기해서 이데올로기는 상징계에 드러나지 못하고 억압적으로 배제되고 남겨진 것들이 회귀하면서 현실에 작용하여 보충물로 형성되어 있다. 그렇기 때문에 그것은 우리가 스스로 알지 못하고 행하는 것이라고 생각해왔다. 사회에서 호명되는 주체는 알지 못하고 기계적으로 행하는 것에서 이데올로기가 작용하고 있음을 느낄 수 있다. 오늘날 현대인들은 이것에서 더 나아가 그러한 이데올로기가 작동하고 있음을 너무나 잘 알고 있고 냉소적으로 그것을 비판하면서도 이데올로기에 순응하여 행하고 있다. 이전의 지식인들과 시민들은 이데올로기가 작동하는 부분을 폭로하고 그것을 개선하고자 했지만 현대에는 이데올로기의 작용이 부당한줄 알면서도 행하고 있다는 점이 다르다.

비판적 지식인은 상징계에 드러나지 않은 실재계의 욕망으로 이루어진 이데올로기에 계속해서 대면하면서 불협화음을 내는 부분에 관여하여 새로운 차원의 욕망을 드러내는 이데올로기를 제시해야 한다. 그럼으로써 우리는 사회를 주도하는 부조리한 이데올로기에 저항하여 새로운 방향성을 모색할 수 있을 것이다. 이데올로기를 새로운 이데올로기로 치유하고자 하는 것은 길항작용이나 해독작용으로 보아야 할 것이다. 쉽게 이야기해서 이데올로기의 부정성을 극복하기 위해 새로운 대립적인 이데올로기를 주장함으로써 맞불작전을 하자는 것이다.

현실세계에서 건축의 형태를 형성하고 경관을 형성하는 형태는 모두가 실재계에서 억압된 것들이 회귀하면서 만들어내는 현실의 이데올로기로 기능하는 것과 관련이 있다. 거기에는 실재계의 억압되고 모순된 이데올로기를 형성하는 메시지가 담겨있게 마련이다. 건축의 이데올로기를 비판하고 재설정하는 것은 실재계에 억압된 것들과 용기 있게 대면하여 실재계의 진정한 욕망이 적절하게 현실에서 드러날 수 있도록 현실의 부조리한 이데올로기에 저항하는 것이며 더 나아가 실재계의 욕망이 발현하는 새로운 이데올로기를 제시하는 것이다. 그것은 역설적이지만 유일한 방법이다. 한때 들뢰즈의 탈영토화가 대안으로 활발하게 담론화되면서 들뢰즈의 '주름'의 개념을 유동적 형태와 탈주의 공간을 눈에 띄게 즉물적으로 형태화 공간화 시킴으로써 현실화 시켜왔지만 그러한 스타일은 빠르게 자본의 순환주기로 편입되어 소비되기에 이른다. 혹은 의도치 않게 더욱 악화되거나 알면서도 사악하게도 그것은 역설적으로 또 다른 억압과 통제의 시스템으로 작용하기에 이르렀다.

그렇다면 건축에 있어서 그러한 방법론은 어떻게 제시되어야 할 것인가?
첫째, 정치적인 헤게모니를 뒤흔들 수 있는 예술적 저항 이데올로기(질문)를 전파하는 것이 필요하다. 우리는 끊임없이 현실을 환기시킬 수 있는 익숙한 것에 대한 질문을 제기해야 할 것이다.
둘째, 사회의 권력관계에서 드러나는 기존의 이데올로기를 비판적으로 바라보고 실재의 욕망과 대면하여 새로운 이데올로기 방법론을 제시함으로써 길항작용으로서의 건축을 제시할 수 있어야 할 것이다. 거기에는 거리를 두고 익숙한 것의 새로 보기와 실재계의 억압된 욕망이 해결될 수 있는 이데올로기를 주장하고 실천하고 현실화시키는 것이다.

현실을 지배하는 이데올로기와 환상은 현실의 부조리함을 가리기 위해 존재하며 실재계와 현실과의 큰 간극을 봉합하기 위해 존재한다. 이러한 봉합의 일차적 장점으로, 단기간의 현실의 부조리함을 가릴 수는 있을 것이다. 그러나 그것이 근본적인 해결책이 될 수 없는 것처럼 우리는 내면의 욕망, 실재계의 잔여물에 귀를 기울이고 환상을 가로질러 나아가야 할 것이다.

레이트 아방가르드 건축가의 작품특성

레이트 아방가르드는 4대 거장으로 대표되는 백색의 모더니즘 건축 이후, 회색 건축을 표방했던 뉴욕파이브New York Five의 멤버들이 주축이 되어 형성되었던 건축의 흐름을 언급할 때 나오는 명칭이다. 하버드 건축대학 교수인 마이클 헤이스는 Opposition지와 여러 아티클에 연재했던 글들을 정리하여 『건축의 욕망』을 저술했다. 그는 레이트 아방가르드의 건축성향과 관심주제에 대한 이론적 설명과 관련되는 건축가들의 건축 작품에 대해서 분석하고 있다. 특히 그가 중심적으로 언급하고 있는 건축가는 알도 로시, 피터 아이젠만, 존 헤이덕, 버나드 츄미 등이다.

레이트 아방가르드는 백색 건축으로 상징되는 모더니즘 건축이 간과하거나 의도적으로 배제하고 무시했던 건축부문의 실재계에 해당되는 담론과 그 벌어지는 양태에 대해서 집중한다. 헤이스는 프레드릭 제임슨의 레이트 아방가르드라는 용어정의를 언급하며 "모더니즘의 반복이 아닌 모던 자체 내에서의 극한적인 성찰성, 즉 모더니즘의 (실천을 위한 실증적이고 필수적인 체계로 이해되는) 이데올로기가 예술적 자율성의 관점에서 이론화되고 규명되어 온 상황을 의도한다."라고 언급하고 있다.[29] 레이트 아방가르드들은 당시의 건축경향을 주도하고 있었던 포스트모더니즘 건축의 상업적 특성에 저항하는 입장에 있었다. 그들은 단순히 드러나는 건축의 외적 형태나 공간에 집착하는 것이 아니라 건축이 상징계속에서 드러남의 순간과 실재간의 관계에 대해서 주목했다. 그들은 건축의 욕망과 심리를 적극적으로 반영하며 드러냄의 순간을 포착하고 표현할 수 있는 각자의 방법론을 실험하며 발전시켰다. 건축부문의 실재는 상징계로 대표되는 현실세계에 건축이 들어서고 나서야 비로소 잉여, 잔여물이 실재계에 남겨지고 그것은 계속

29) 마이클 헤이스, 건축의 욕망, 조순익 역, spacetime, 2011, p15

해서 실재계의 틈을 비집고 나와 상징계에 가느다란 고성을 지르려고 시시탐탐 기회를 노리기 때문이다. 헤이스는 "건축의 책무는 부재하는 무언가를 파악하는 것, 오직 잠재적으로만 존재하는 어떤 상황을 추적하거나 경계 짓는 것이다."라고 주장한다.[30)]

상징계에 들어오고 나면 실재계의 잔여물과 잉여물(대상 a와 환상, 향유 등)들이 남게 되는데, 달리 이야기 하면 실재계의 잔여물들은 상징계에 들어와야만 후차적으로 존재할 수 있는 것이기도 하다. 우리가 실제로 사는 상징계라는 세계에 구축된 건축물들은 이미 각종 법규에 의해 제한받고 건축주와 관계자들의 체계에 의해 힘겨루기를 하며 구축된 것이다. 따라서 상징계의 법칙 속에 맞추어 구축되면서 남겨지는 욕망의 잔여물들이 다른 차원에서 표현되지 못하고 등록되어 있는 상태로 생각할 수 있다. 따라서 헤이스는 건축적으로 부재하는 것, 잠재적인 것들을 추적하여 적절하게 드러내는 것이 중요하다고 생각하는 것이다.

또한 그는 '레이트 아방가르드가 제시하는 건축은 스스로를 건축으로 설정하기 위해 과거의 기억들(로시와 헤이덕은 이에 대해 명백하다.)과 정체성을 지속시키는 미래의 기대들(아이젠만과 츄미는 이를 다르게 주장한다)에 의해 표시되고, 그 흔적이 남겨지고, 위반되고, 그 자체와 분리되어야 하는 특이성을 지닌 타자적 건축이다.' 라고 언급한다. 쉽게 이야기해서 그들의 건축은 상징계에 진입하지 못한 실재계 차원의 잔여물들이 원활하게 드러나는, 기존의 건축과는 다른 독특한 건축을 선보이고 있다는 것이다. 이러한 레이트 아방가르드의 특성과 건축가의 작품들은 욕망을 표현할 때 주로 사용되는 언어의 환유적 용법과 연계된다. 헤이스는 욕망을 표현하는 건축적 방법론의 주요한 방법인 환유에서 주로 유비, 반복, 조우, 간격두기의 순으로 건축구축방법론과 표현이 이루어지고 있음을 언급하고 있다. 네 가지 방법론은 유비, 반복, 조우, 간격두기의 네 가지 개념의 내용들은 다음과 같다.

30) 같은 책, p17

1023 유비, 반복, 조우, 간격두기의 환유의 개념

—유비(Analogy): 사실주의가 보여준 표백된 공허의 미메시스

건축의 환유작용과 욕망의 표현으로서 유형은 어떤 도시에서 기존에 있던 관습적인 건축형태, 공간, 구조 및 문화와 관련된 지식이 전파되고 유사하게 구축하고자 하는 지식의 전파체계로서 기능한다. 건축의 구축은 달리 이야기하면 언어이며 의미화의 체계에 속하는 행위이다. 그것은 랑그langue[31]라는 생성문법의 형태로 물리적으로 세상에 발현된다. 그것은 도시의 기억과 관련된 도시요소, 변형과정과 각계각층의 다양한 힘 등이 중첩적으로 겹쳐지고 영향을 주고받으며 '대타자로서의 도시', '대문자 C의 도시'가 된다. 그것은 과거의 기억과 콘텍스트와 하나이고 닮고자 하는 유형이라는 상상계의 다른 측면에서 작용하는 상징계의 질서체계에 속하여 있다. 그것은 겉으로 드러나는 도시 이외에 대타자 C의 도시는 기존의 유형과 시대정신을 반영하고 있는 잠재된 새로운 욕망들이 실재계와 상호작용한다. 그것들은 잠재적으로 드러나고자 하는 조직망의 관계가 복합되면서 나타난다. 이미지, 관계, 사물들 간의 기억과 대응과 혼합 속에 건축 유형이 드러나는 가운데 유사하면서도 새로운 효과가 나타나고 드러나는 것이다. 설계자는 유형으로 쉽게 포섭될 수 있지만 과거의 유형에 안주하는 것은 과거의 상상계적인 형태에 박제된 것이다. 다시 말해 상상계라는 이미지만으로 추락한 것이다. 옛 건축유형의 세트장의 한 요소로 전락한 것이나 마찬가지이다.

쉽게 이야기해보자. 각 도시에는 그 문화권이 오랜 시간에 걸쳐서 만들어낸 그 지역만의 건축유형이 있을 것이다. 그 건축유형은 일정부분 그 나라(지역)의 언어만큼이나 보이지는 않지만 암묵적인 규칙과 같은 특성이 있다. 오랜 시간에 걸쳐서 그 지역의 풍토, 문화에 가장 적합하게 적응되어 굳어진 상태로 전수되어 왔기 때문이며 사람들의 기억에 편안한 생활구조와 경관 이미지로 정착되어 있기 때문이다. 그것은 또한 지역의 많은 사람들의 욕망이 반영된 결과이기도 하다. 그래서

31) 랑그: 랑그는 언어활동의 사회적인 법칙으로서, 일반인이 따라야 하는 문법의 '체계'이며, 파롤은 랑그가 개인에 따라 자유롭게 실현되는 '현상'이다.

52

그 도시의 건축유형은 대타자로서의 역할을 하게 된다. "인간의 욕망은 대타자의 욕망이다." 혹은 '문체는 그 사람 자신이다.' 라는 유명한 문장으로 라캉의 이론이 요약되듯이, 건축유형은 그 도시 자체이며, 건축유형의 욕망은 그 도시(대타자: 도시C)의 욕망이라고 이야기 할 수 있는 것이다. 건축유형은 그 도시의 욕망이 구체화된 것이며 그 도시 자체라는 것이다. 그러나 건축유형에 단순하게 동화되고자 하는 것은 상상계와 같이 수준이 떨어지고 박제화되는 것이다. 그저 그 수준에 머물러 있는 것일 뿐이다. 실재계의 잔여물들이 적절하게 표현되면서 실재계를 뚫고 나온 새로운 시대정신과 기술의 발전요소들이 건축유형과 접목되고 적절하게 변형되어 자신의 목소리를 내게 된다. 그러는 가운데 기존 유형과 적절한 간격과 긴장감을 유지하는 것이 바람직한 방법이다.

여기서 말하는 대타자 C의 도시는 건축의 사회적 실현이 이루어짐과 동시에 무의식의 드러남의 영역이 발생한다. 유형이 지닌 상상계(이미지계)가 되고자 하는 바람이 실재계의 침입으로 인해 와해되면서 새로운 의미를 생성하는 것이 바로 유비 개념의 주요한 특성이다. 그리고 그것이 바로 유형의 바람직한 표현방식일 것이다. 헤이스는 "실재계를 한 가지 강력한 단어로 대답해보자면, 그것은 역사이다."라고 정의한다. 대문자 C의 도시가 과거로부터 존속해오고 기존 콘텍스트와 어울리거나 어울리면서 대비되는 새로운 건축물이 계속해서 진입하여 리뉴얼되면서 만들어지는 새로운 대문자C의 도시가 살아있는 유기체로서의 도시일 것

52. 알도 로시의 대타자 도시의 드로잉

53

이다. 다시 말해, 다양한 정치, 경제, 사회, 문화의 시대요구가 반영되어 나타나는 건축의 역사, 도시의 역사가 되는 것이다.

역사는 과거의 것에서 부조리하고 불합리한 무언가를 개선하고자 하는 시민들의 바람과 목소리가 반영되며 만들어져 왔던 것이다. 그것은 때로는 혁명과 같이 과격한 변화를 수용하기도 하고 때로는 고통을 동반하는 방식으로 점진적인 긴장과 변화를 만들어 왔으며 기존의 것과 끊임없이 긴장감을 유지하며 발전해왔다. 헤이스의 시각 역시 그것이 드러나고 확립되어 기록된 것이 역사이며 건축 및 도시 역시 그러한 과정의 기록물로 남은 것이라고 본다. 그런 측면에서 실재계를 표현하는 다른 단어는 바로 역사이며 그것은 시대정신과 공명한다.

츄미는 다음과 같이 말한다. "도면 없이 건축은 존재하지 않으며 텍스트 없이도 건축은 존재하지 않는다. 건물은 도면 없이도 세워질 수 있지만 건축 자체는 건설의 단순한 과정 이상이다. 수세기에 걸쳐서 서서히 발전해온 복합적인 문화적, 사회적, 철학적 요구에 의해 건축은 지식 자체의 한 유형이 되었다."[30] 이와 같이 츄미는 건축이 시대정신과 공명해야함을 역설하고 있는 것이다.

이처럼 유비의 개념은 그 도시의 건축유형으로서 쉽게 닮고자 하는 상상계적인 방식을 거부하고 기존의 콘텍스트와 유형에서 반영하지 못하고 있는 실재계의 목

53. 역사도시 베니스와 로시의 익숙한 서구 건축유형 요소

30) 같은 책, p102

소리, 잔여물, 잉여물과 욕망, 그리고 시대정신(기술, 외적변수)을 반영할 때 바람직한 의미를 가질 수 있다. 로시의 건축은 기존의 것과 적절한 거리와 적절한 긴장감을 유지하면서 비슷하되 긴장감을 가진 새로움의 유사함을 추구했다. 그는 그러한 유비의 진정한 창조적 상태를 바람직한 것으로 보는 것이다.

알도 로시는 많은 유럽도시를 거닐면서 유형적 요소들에 대해서 연구했다. 그는 그의 경력 초기에 유럽도시들의 공통분모로 해당되는 근본구조를 연구했으나 이내 그의 관심은 단순한 상상계로서의 유사성을 표현하는 것에서 더 나아가 심리적인 요소에 관심을 갖게 되었다. 그는 상상계로의 손쉬운 유사성으로의 유혹을 넘어 실재계의 무의식적 요소들을 상징계라는 현실에 끌어내는 역사라는 대타자 도시C에 어울리는 현재의 건축을 창조하는데 성공한 건축가로 기억되고 있다.

—반복(Repetition): 아이젠만의 모더니즘적인 자기-차이의 고고학

반복의 개념과 관련해서 헤이스는 주로 피터 아이젠만의 작품의 사례를 들면서 데리다의 글쓰기의 개념과 연계시켜 설명하고 있다. 도시는 하나의 콘텍스트를 형성하고 있다. 그것은 사건의 기록이 중첩되면서 퇴적되어 있는 텍스트이다. 그것은 구조이면서 동시에 이면에서 작동하는 욕망의 시뮬라크르[33]가 작동하기를 기대하는 폐허이다.

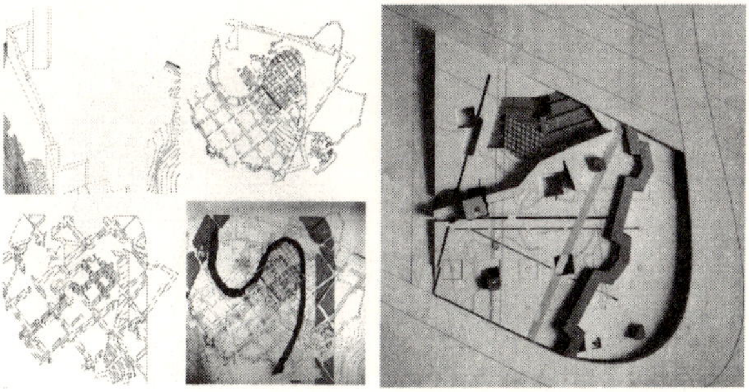

54

54. 피터 아이젠만, 로미오와 쥴리엣 성 프로젝트와 라빌레트 프로젝트

33) 시뮬라크르: 가짜 환영 등을 의미하는데 보드리야르는 진짜보다 더 진짜 같은 가짜의 개념에 대하여 언급하면서 포스트모더니즘의 특성에 대해서 논했다.

1978년부터 1988년까지 이루어진 '인공적 발굴의 도시' 계획에서 아이젠만은 데리다의 해체이론에 영향을 받아 실험을 지속했다. 이 작품은 기존에 이미 르 코르뷔지에가 계획한 대지에 새롭게 계획안을 제시하는 작업이었다. 이 작품에서 아이젠만은 모더니즘의 거장인 르 코르뷔지에라는 상징적인 법(Phallus, 금기), 달리 말해 건축적 교리의 상징인 르 코르뷔지에의 건축계획안과 셰익스피어의 희곡 『로미오와 줄리엣』의 무대가 된 콘텍스트에 새로운 차원의 글쓰기를 선보이는 계획을 제시하고 있다. 이 대지는 기존에 지어지지 않는 계획안이 제시되었던 곳으로, 현대건축의 거장인 르 코르뷔지에의 작업으로 대표되는 상징계의 근본적인 부족함을 보충하는 기존의 글쓰기의 개념인 '차연' 등의 개념을 제시하며 '보충'을 이루면서 '미래완료적 글쓰기'를 실현시키고자 하는 작업방식이었다. 그것은 근대 이성의 상징이자 완성으로 대표되는 르 코르뷔지에의 건축물(여기서는 아버지의 이름-'법'으로 대표되는)과 역사적 콘텍스트와 알레고리로서 존재하는 셰익스피어의 역사적 콘텍스트의 부족하고 표류하는 부족함에 안정성을 더하는 작업으로 볼 수 있다.

이곳에서의 간격두기를 데리다는 '차연'의 개념으로 언급했다. 아이젠만의 작업에서 제시된 삽입된 대상으로서의 선들의 교차와 글쓰기는 근대 이성의 글쓰기가 미처 드러내지 못하거나 남겨두었던 틈새의 간격에서 새로운 의미화의 잠재성이 현실화되는 알레고리화를 가능하게 한다. 중첩된 흔적들 사이의 간격에서 만들어지는 새로운 글쓰기의 의미는 근대 이성이 미처 표현하지 못했던 혹은 의도적으로 배제했던 특이성의 잔여물과 욕망을 효과적으로 손쉽게 불러일으키며 불안정했던 구조를 안정화시키는 작용을 한다. 우리는 격자들의 중첩과 반복 속에서 사이의 간격에서 대지와 역사와 문화의 잔여물들과 잉여물들이 스며 나오는 경험을 할 수 있다. 그것은 일정부분 들뢰즈의 개념인 반복 가운데 특이점들의 차이가 생성되는 것과 유사하다. 반복에 의해서 얻어지는 강도의 차이를 만들고 반복의 과정에서 일어나는 것을 들뢰즈는 '사건(événement)'이라고 생각하는데, 사건은

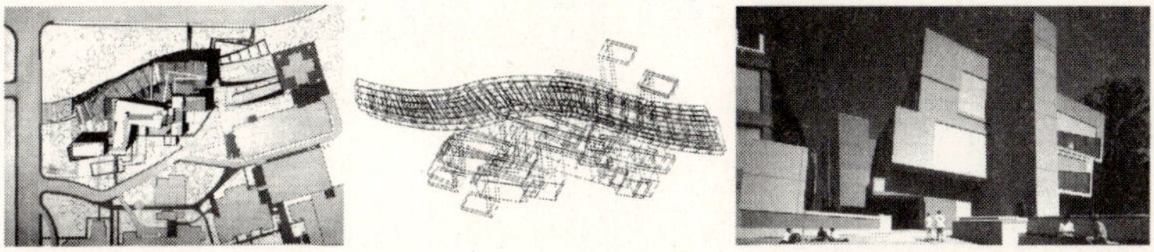

55

고유한 차이와 강도를 지닌 것이다. 롤랑 바르트는 이를 문화의 통념론들을 읽는 혹은 더 나은 말로 다시 쓰는 행위로 즉, 이미 존재하는 것을 반복하는 동시적인 쾌락(문화적 혹은 학문적 동일성의 향유)이자 미적 파열의 향유(주이상스)으로 묘사한다.[34] 그것은 폐쇄적인 죽음의 의지를 강력하게 드러내는 것이다.

익숙한 것들이 반복되는 가운데 차이가 생성된다는 들뢰즈의 언설과 같이 반복되는 사이의 간격으로부터 실재계로부터 스며 나오는 욕망의 움직임이 차이를 생성하게 만드는 근본적인 추동력이 된다. 건축에서는 기존 콘텍스트 혹은 건축물로부터 기억과 실재계의 요소들을 감지하여 익숙한 가운데 실재계로부터 솟아나오는 힘에 의해 특이점이 생성되어 차이를 만들어내게 되는 것이다. 그것은 새로운 의미화를 만들어내는 알레고리화의 차이를 만들어내면서 새로운 가능성을 만들게 된다.

—조우(Encounter): 포스트모던적인 과잉과 전위

헤이스는 '조우'라는 개념을 칸트의 어휘에서 다음과 같이 "형태는 다양한 감각들이 서로 일치하며 연결될 때 일어나며, 개념적인 통일성으로 설명되지도 않고 그것에 포섭될 수도 없는 지각적인 통일성으로 귀결된다."고 주장하고 있다. 그것은 특이성 속에서 만나게 되는 것이다. 주체의 관찰과 관찰의 대상이 오히려 대상에게 보내는 시선이 교차하는 것, 그러한 가운데서 관찰자와 대상의 상호 응시의 교차가 일어나면서 새로운 의미가 생겨나는 것을 의미한다. 그것은 앞서 설명한 바와 같이 라캉의 시지각 예술이론(분절이론)의 개념과 일치한다. 대표적으로

55. 피터 아이젠만, 아르노프 센터 반복과 차이

34) 같은 책, p89

헤이덕의 주택작품에서 그 개념이 구체적으로 물질화 공간화되고 있다. 투사광선 내의 불투명한 이미지-스크린을 우리는 응시하면서 다른 차원(실재계)과 조우하고 화학반응하며 새로운 의미의 생산이 이루어지는데 이것을 실재계의 '환상'이라고 할 수 있다. 이미지-스크린이 만들어지는 경계를 우리는 그것을 가면이라고 달리 말하는데, 그 지점에서 우리는 대문자 A(대타자로서의 건축, Architecture의 A)가 보내는 응시를 마주하게 된다.

앞서 라캉의 시지각 이론을 살펴보며 근대적 주체로서의 일방향적인 시각과 반대로 객체로부터 주체로 이르는 삼각형의 시각이 교차할 때 마름모의 응시하는 시각이 발생하며, 이 영역은 이미지-스크린이라는 의미가 생성되는 지점임을 살펴보았다. 이러한 상호 간섭의 영역은 수용미학적인 관점과 해체주의의 상호텍스트성과 연계되는 지점이다. 그것은 행간과 심상 속에서 다른 차원(실재계)의 낯선 것들과 조우할 수 있는 영역이 된다. 보는 사람으로 하여금 행간의 틈을 비집고 나와 실재계에 등록된 무언가가 표출되면서 만날 수 있는 것이다. 그것은 마치 이상한 나라의 앨리스가 이상한 나라로 통하는 통로를 만나는 것처럼 의식의 영역에서 볼 수 없는 실재계의 잔여물(대상a, 환상, 향락)들과 낯설게 대면하는 지점이다.

그 가면에서 우리는 일반적인 건축물에서 볼 수 없는 낯설고 기괴한 무언가를 조우하게(경험하게) 된다. 그것은 라캉이 이야기하는 상징계(언어계)에 실재계의 욕망이 사이와 틈을 비집고 들어와서 상징계에 애매하고 모호하게 드러나는 순간이고 사건과 이벤트가 일어나는 순간이다. 첨입하면서 만나게 되는 것은 대상a와 환상의 일부로서 그것은 억압된 무의식이 왜곡되고 압축, 전치되어 사소하게 혹은 과장되어 드러나게 되며 관계없는 것 같은 사물과 연계되어 나타난다. 이러한 개념은 헤이덕의 작품에서 다양한 심리적 사물과 요소들의 과잉과 전위된 방식으로 드러난다.

–간격두기(Spacing): 건축의 죽음의 욕동을 향해 움직이는 벡터

간격두기는 데리다의 차연과 라캉 및 지젝이 이야기하는 실재계의 사이와 간격에서 미처 표현되지 못하거나 남겨졌던 잔여물, 잉여물들이 간격두기라는 글쓰기 방법론, 혹은 존재론적 경계의 욕망의 분출 장치를 통해 원활하게 드러나게 하는 방법론으로서 작용하는 것이다. 그것은 데리다의 이론처럼 자체적인 특이성이 분리되면서 내화된 차이를 만들어낸다. 그것은 건축구축방법론tectonic에 있어서 적절한 사이공간을 두는 글쓰기(구축)를 설정하고 사이공간에서 기존의 구축물에서 드러낼 수 없었던 욕망과 프로그램과 같이 병치되면서 분출될 수 있는 방법론에 집중하는 것이다. 그것은 버나드 츄미의 교차 프로그래밍의 병치를 통해 실재계를 감지할 수 있게 하는 방법론이다. 또한 그것은 건축적 기표를 의도적으로 이중적으로 만들거나 의도적으로 실패하게 만드는 것이다. 다시 말해, 그것은 헤이스의 언설대로 '모순의 생산을 위해 부정의 일정간격을 부여하는 것이다. 또한 그 간격을 통해 변이, 분기, 차이를 드러내는 것이 상대적으로 수월하게 만드는 것' 이다.[35)]

간격두기 개념은 츄미의 건축 작업과 베르토프의 영화이론과 많은 부분에서 연계된다. 앞서 베르토프의 영화의 간격이론을 통해 살펴본 바와 같이 쇼트의 편집에 있어서 편집자의 의도에 따라 쇼트를 조작함으로써 관객의 무의식과 작용하게 하여 다양한 효과와 심상을 만들어낼 수 있게 된다. 베르토프는 의도적인 편집의 '간격' 을 통해 실재계의 잔여물들과 조우할 수 있는 마름모꼴의 시지각 영역의 문을 열어주는 효과를 만들어낸다. 베르토프는 이러한 영화적인 기법을 이중노출, 스플릿 스크린, 더치앵글, fast cutting, 그리고 slow & fast motion의 기법을 통해 구현했는데 건축에 있어서는 츄미의 방법론과 같이 교차 프로그래밍과 병치라는 기법을 적절하게 사용하여 의도적인 모순의 관계 속에서 실재계의 잔여물과 부재의 상황에서 미처 표현하지 못한 무언가를 드러낼 수 있는 차이의 공간을 선보이는 방법으로 실험되었다.

35) 헤이스, 같은 책 p. 163

베르토프가 창조한 영화기법들은 실재계의 잔여물과 욕망의 찌꺼기들이 스며나가고자 하는 힘들이 온전하게 표현될 수 있는 방안이다.

앞에서 언급한 바와 같이 실재계의 욕망을 온전하게 표현할 수 있도록 하기 위해 레이트 아방가르드가 사용하는 네 가지의 기법들이 사용되고 있음을 살펴보았다. 이를 정리하면, 헤이스는 레이트 아방가르드의 건축에서 감지되는 것들을 다음과 같이 기술한다.

"건축의 구축은 건축적 실천의 현실적인 종결이 아니라 그것의 의미망이 갖는 실재적인 궁극성이다. 즉 레이트 아방가르드는 건축의 스스로에 대한 부적합화를 시행한다. 건축이라 불리는 욕망의 붙잡을 수 없는 총체성은 모든 건축적인 실천들만의 한계조건으로서 삽입되고 완화되지 않는 다른 무언가를 향한 욕구를 남긴다."고 주장한다.[36] 이것을 달리 말하면, 레이트 아방가르드 건축가들은 이성의 측면으로는 붙잡기 힘든 실재계 차원의 잔여물(대상a, 향락)들이 현실과 조우하면서 드러날 수 있는 방법론을 끊임없이 실험하여 이성의 시대에 만들어졌던 폐해들을 극복하고 화해할 수 있는 방안들을 제시하는 것이다. 의도적으로 배제하고 무시하고 소외시켰던 것들이 복권되고 되살려지는 것, 그것은 우리 사회의 어둡고 습한 곳에서 무시당하는 것들이 온전하게 사회의 구성체로 인정받고 어울릴 수 있는 것을 의미한다. 조형적인 측면에서 그것은 전통과 관련하여 기존의 콘텍스트와 화해하고 안정화시키는 조형적 방법론이 될 수 있을 것이다.

유비는 상상계적인 대타자C로서의 도시에 포섭되고자 하는 것에서 벗어나 시대정신과 건축의 욕망을 적절하게 해석하여 기존 콘텍스트에 어울리면서 동시에 날카롭게 대립하며 자신의 존재감을 드러낼 수 있는 방식으로서 제시되는 경향을 보인다. 유비의 개념이 확장되면서 반복의 개념과 간격두기의 개념은 해체주의의 개념과 연계된다. 데리다는 차연, 산포 등의 해체주의적인 개념과 함께 미래완

36) 헤이스, 같은 책 p.193

료의 글쓰기를 강조했다. 그것은 인류의 언어가 생긴 이래로 언어의 부족함을 보완하면서 불안정한 것을 안정화시키는 글쓰기의 기입이라는 담론에 가까운 이론이다. 이 이론이 성립하기 위해서는 무언가의 기존 것이 존재하고 그 기존의 것과 나와의 사이, 틈, 간격이 필요하다. 그래서 해체주의 사유는 파괴와 파편화의 사유가 아니라 콘텍스트와의 화해, 평화로운(안정적인) 공존을 위한 사유이며 그래서 과격한 표현을 사고하고 표현하는 사조가 아니다. 오히려 그것은 화해와 안정화에 초점을 두는 사유라고 할 수 있다. 데리다는 글쓰기의 생산성에 있어서 새로운 방법론을 열기 위한 길을 모색하는 것이므로 기입방식이라는 새로운 방법론에 집중하는 측면이 있다. '조우'의 개념은 라캉의 실재계와 직접적으로 관련된 욕망이론(환상, 대상a)과 연계되며 건축적으로는 대체물로 나타나는 것, 그 방식, 이면의 애매함이 드러나는 순간이 중요하며 그 순간을 드러내는 구축 방법론에 집중하게 된다. 그것은 이성 혹은 상징계로는 설명하기 힘든 기괴함, 낯설음과의 만남(조우)이다. 그것은 유사성의 욕망 속에 새로운 역사가 되는 애매함의 드러남을 공존케 하는 새로움을 만드는 방법론이 될 수 있다. 또한 건축방법론 역시 이면에 존재하는 다른 차원의 세계의 이동, 조우, 마주침에 초점을 두고 있다. 라캉은 구조를 연구하고 인간정신구조의 현상을 탐구함으로써 상당부분 구조주의의 특성을 보인다. 그의 관심은 욕망의 차이에 의해 이미 드러난 무언가 미묘하고 애매한 것에 대한 해석의 가능성에 집중된다. 그러한 해석은 라캉 자신이 정신분석가였기에 자연스러운 태도와 방향성이라고 할 것이다. 그것은 미묘한 욕망의 차이를 드러내는 차이의 방법론이며 그것은 어쩔 수 없이 조형분야에 있어서는 다소 소극적인 분석의 제스처를 보이며 표현할 수 있는 은근한 방법론과 관계된다. 이제, 욕망이론과 관련된 네 가지의 주요한 개념이 네 명의 건축가의 작품에서 어떻게 현시되고 있는지 살펴보도록 하자.

1024 알도 로시의 건축표현 경향: 유비(Analogy)로서의 도시

이탈리아 건축가 알도 로시의 건축은 서양건축의 유형의 요소들을 반복적으로 사용하여 형태와 공간을 형성시킴으로써 전통적인 유럽의 도시와 건축의 심상에 다가간다. 그가 즐겨 사용하는 건축 유형요소는 삼각형 페디먼트, 원뿔, 열주, 굴뚝, 원기둥 등으로 서구인들에게 친숙한 유형적 요소들이다. 그의 건축은 충분히 유형에 충실하면서도 동시에 무언가 유형만으로는 설명하기 힘든 도시건축 분야의 집단무의식적인 요소들과 심상을 느낄 수 있다.[37] 알도 로시는 유럽의 오래된 여러 도시들을 답사하면서 과학적이고 이성적 관점으로 도시의 구조와 유형을 살펴 그 도시들의 공통분모에 대해서 분석한다. 그런 과정에서 그는 그 도시들의 기념물과 도시요소, 변형과정, 집단 무의식, 기억, 등 이면에서 벌어지는 다양한 힘들의 영향에 주목하게 되었다. 이윽고 그러한 유형을 가능하게 했던 정치, 경제, 사회, 문화 이면의 심상과 실재계와 그것이 만들어지게 되는 추동력과 함께 욕망에 대해서 관심을 가지게 되었다.

56

기존 도시의 이미지에 단순히 상상계적으로 닮고자 하는 것은 단순한 유형을 반복하며 동일성에 포섭되는 것이다. 그것은 아무런 '생성의 힘' 이 없어 기존의 유형에 포섭되어 죽어있는 상태나 다름없다. 만약 어떤 건물이 이전 건물의 유형을 현대의 여러 가지 상징체계나 현대세계의 제도적(법률적) 사회적 체계에 어울리게 동시대의 대타자의 욕망에 공명하며 재해석하여 만들었다면 그것은 대타자로서의 기존도시인 대타자 도시C와 긴장관계를 유지하며 공존할 수 있다. 상징계에 안착하여 기존 콘텍스트에서 성공적으로 하나의 위치를 부여받고 콘텍스트에 속

56. 알도 로시의 건축유형요소와 상징계 유형과의 긴장관계

37) 집단 무의식: 칼 구스타브 융의 개념으로 인류의 역사와 문화에서 공통적으로 나타나는 기억의 집합을 의미하며, '옛 조상이 경험했던 의식이 쌓인 것으로서 모든 사람들에게 공통된 정신의 바탕이며 경향' 이다. 그러한 의식은 신화와 전설로 등장하곤 한다.

하게 되는 것이다. 진정한 유형이 되기 위해서는 단순히 반복되는 것이 아니라 현실의 도시건축이라는 상징계에 들어오면서 미처 포함되지 못하고 실재계에 남아 있는 잔여물과 잉여물이 드러나도록 계획하는 것이 필요하다. 로시는 실재계로부터 욕망이 원활하게 드러나면서 현실에 구축될 수 있도록 집단 무의식적인 유형 요소를 적절하게 사용함으로써 조직화시키는 힘과 잠재력을 활성화 시키는 특이점이 부각되는 건축을 제시했다.

앞서 언급한대로 상상계적으로 그대로 닮고자 하여 도시의 유형과 이미지로 반복되는 것은 지젝이 바라보는 관점대로 수준이 낮은 것이다. 이러한 부정적인 측면을 극복하기 위해 대타자로서의 도시C이자 바로 상상계적인 유형의 도시C가 상징계 자체의 사회, 물질적 질서와 함께 비가시적인 실재계가 함께 드러나도록 해야 할 것이다. 그것은 관계와 대응들의 기분, 분위기들의 이미지들의 혼합의 작동 네트워크로 결합되면서 실재계의 일부가 드러나는 것이다. 이와 관련하여 헤이스는 '로시에게 있어서 도시는 바로 건축적인 무의식과 같은 무언가로서, 사회적 실체의 구현이자 무의식의 장소이기도 한 대타자인 것이다.' 그리고 무의식을 요약하는 최상의 이미지는 이른 아침의 볼티모어이다.' 라고 언급한다.[36]

포스트모던풍의 도시경관을 가지고 있는 미국 도시 볼티모어의 수변공간에 새벽 아침 아지랑이가 아련하게 피어오르는 가운데 보이는 경관은 옛 유럽 도시의 이

57

57. 볼티모어 수변의 포스트 모던적 풍경

36) 앞의 책, p40

미지와 현대경관이 어우러져 유럽적 감정과 현대성이 가미되어 묘한 심상을 불러일으킨다. 이 장면은 미국 시민들의 유럽에 대한 동경 및 향수와 무의식의 추구로 상상계적인 욕망이 현대 기술과 공간발전이 접목되어 드러나는 순간의 모습이다.

또 헤이스는 "그 유형들이 스스로와 유리된 채 상존하는 것은 이러한 결여 때문이며, 욕망 그 자체가 이 결여로 인해 상존하는 것이다."라고 언급한다.[37] 우리가 주변에 어울리는 수준 높은 건축물을 볼 때 느끼는 감정은 마치 유형으로서의 상상계가 실재계의 침입으로 와해되면서 우리의 기억과 욕망이 현실세계의 건축물에 이미지가 투사되는 경험이다. 우리는 반복되는 유형의 풍경 속에서 현실세계가 아닌 과거나 욕망이 발현하는 무의식의 세계에 있는 듯한 느낌을 로시의 건축에서 받게 된다. 결론적으로 헤이스는 건축에 있어서 실재계와 현실과 함께 구축시켜왔던 질문과 관련하여 다음과 같이 답을 하고 있다. "건축의 실재계란 무엇인가? 압축하자면, 그것은 역사이다. 대문자 C의 도시에 있어서 건축의 상징적인 책무, 즉 건축의 필요성이란 어떤 내용들이 아니라 인류 사건들의 불변적 형태인 어떤 광대한 인류 과정의 결과인 것이다." 즉 역사가 실재계로부터 드러나 만들어낸 결과라는 것이다.

다시 생각해보면, 기록된 역사는 다양한 욕망들이 상징계에 진입하여 상호 힘겨루기와 시대를 규정하는 시대정신과 이데올로기, 규칙 등의 영향을 받으며 구축된 것이다. 그것은 앞서 언급했듯이 과거의 것에서 부조리하고 불합리한 무언가를 개선하고자 하는 시민들의 바람과 목소리가 반영되어 만들어져 왔던 것이다. 상호욕망가운데 적절한 긴장감을 유지하며 드러난 것들이 균형을 유지하면서 굳어진 것이다. 때로는 혁명으로 때로는 점진적인 합의에 의한 발전으로 드러난 것들이 역사 그 자체이며, 실재계의 끊임없이 솟구쳐 오르려는 욕망들이 반영되어 나타난 결과라는 이야기이다. 알도 로시는 그의 건축 활동 전 경력을 통틀어 그러한 건축의 역사, 유형의 역사를 연구하는데 집중했고 실재계의 욕망을 적절하게

37) 앞의 책, p52

드러내며 역사를 새롭게 되살리는 작업을 성공적으로 수행했던 건축가이다.

1025 피터 아이젠만의 건축표현 경향: 반복(Repetition)

데리다와 지젝의 공통점은 겉으로 드러나는 현실 이면의 사이와 틈에 주목하여 그 사이에 욕망과 심리를 드러내는 것에 관심이 있다는 점이다. 후기구조주의 사유의 관심 자체가 구조 이면에 존재하는 카오스와 같은 욕망의 바다로부터 구조를 깨고 드러나는 욕동에 있으며, 이면에 배제된 것, 무시된 것, 때로는 혁명과 같이 구조 자체를 근본적으로 바꾸는 것에 관심이 있다. 앞서 욕망이론에서 욕망은 환유의 고리를 떠돌면서 기표를 전전하는 것임을 느꼈을 것이다. 초기에 아이젠만은 인류의 역사상 만들어져 왔던 건축구축 방법론tectonic으로서의 근본적인 건축의 글쓰기의 가능성을 새로운 방식으로 탐색했다. 그는 기존의 방법론의 한계를 초월하여 형이상학적 질서 이면의 욕망을 현시하면서 한발 더 나아갈 수 있는 건축구축방법론(새로운 글쓰기 방식)을 실험했다. 주택 1~10까지의 실험이 대표적이다. 그 중 일부는 실제 실현되었다. 그 주택을 관찰한 일부 비평가들은 신랄한 악평을 퍼부었다. 그의 주택에서는 거실 한가운데 기둥이 박혀 있어서 생활에 막대한 불편이 눈에 뻔히 보인다거나 심지어는 계단이 이용하기 불가능할 정도로 눈높이로부터 시작된다는 것의 기능을 문제 삼은 비판이었다. 그러나 아이젠만은 기능의 편리함과 이상적인 주택으로서의 미덕을 추구한 것이 아니라 각 요소와 건축구축방법론의 글쓰기의 새로운 차원으로서의 방법론을 실험한 것이었다. 아이젠만은 구축함에 있어서 이성적이고 합리적인 사고 이면의 시뮬라크럼simulacrum이 발현되는 방법론에 주목한 것이었다. 그러나 그의 건축은 이렇게 극단적인 실험까지 제시함으로써 건축 자체의 의미가 무의미해진다는 비판을 받기도 했다.

58

58. 웩스너 센터

주택 실험이 끝난 이후 아이젠만은 규모가 커진 웩스너 센터와 같은 공공건축 프로젝트에서 기존 콘텍스트를 고려하면서 새로운 격자체계와 새로운 기입(사이의 틈에서 발생하는 새로운 글쓰기의 가능성) 방법론에 대해서 실험한다. '인공적 발굴의 도시' 프로젝트에서 아이젠만은 데리다식의 미래완료적 글쓰기 방법론을 실천했다. 그는 기존 콘텍스트의 흔적을 새로운 요소들과 접목시키면서 때로는 요소들의 스케일을 변형시키고 조절하면서 새로운 의미를 생성시킬 수 있도록 한 것이다. 이를 통해 그는 기존 건축물과 기존 콘텍스트의 역사 가운데 새로운 구조와 요소를 삽입하여 새로운 의미를 생성시켰다. 동시에 그는 기존 역사와 조화를 이루면서 일정부분 대립하며 긴장감을 유지할 수 있도록 계획했다. 그것은 기존의 형이상학적 구조에서는 미처 드러내거나 구축방법론상 미끄러지면서 문제점을 드러내거나 미처 표현하지 못했던 욕망을 '보충' 하며 현시한다. 따라서 그의 건축은 '해체주의' 라는 다소 과격한 느낌의 문자적 의미를 지니는 사조로서 보기보다는 의식 이면의 무의식의 세계에 존재하는 결핍된 사항을 드러나도록 도와줌으로써 오히려 안정화를 이루는 안정화의 담론이며 방법론이라고 할 수 있다. 라캉이나 지젝식으로 이야기하면 아이젠만의 프로젝트는 기존 콘텍스트의 역사와 현재의 기하학적 구축적 실천이 동시에 이루어지는 것이다. 아이젠만은 상징계를 통과하면서 남게 된 잔여물이나 잉여물들이 기존 체계의 흔적과 기하학적 선들이 특정 대지들의 특이성들과 접목되는 실천을 효과적으로 드러나게 하기 위해 연계시키면서 실재계와 접목시킨다. 그것은 현실에서 실재계와의 만남이 이루어질 수 있도록 도와주는 작업을 하는 것이다. 그 프로젝트의 이전 작품이 그 대지에 제시되었던 르 코르뷔지에는 근대 이성의 정점으로 상징되는 인물이며 그의 사유는 모더니즘 건축의 교리로서, 상징계의 규칙이며 다른 말로 하자면 현대건축에 있어서 아버지의 법, 혹은 남근(금기)로서의 역할을 하고 있다. 그것이 갖는 상징성과 역사적 콘텍스트라는 상징계에 등장하면서 남게 된 잔여물과 잉여물을 새로운 기하학적 질서를 삽입하는 방법을 사용하여 새롭게 통합시키며 실재계와 접목시키는 것이다. 그는 주변 요소들의 반복과 중복적인 흔적남기기를 압축시켜 기표의 환유가 끊임없이 생성되는 방법론을 사용한 것이다. 그는 기존 도면과 다른 새로운 격자체계를 도입하여 간격두기를 함으로써 사이의 틈에서 발생하는 화학작용을 통해 새로운 의미를 생성시킨다. 그의 건축은 욕망의 잔여물들이 현시될 수 있도록 한다는 점에서 유사점과 차이점이 존재하게 되는 것이다.

그것은 상당부분 알레고리화의 과정과 유사하다. 알레고리화는 역사적 사건이나 신화로서 잘 알려져 있는 기존 텍스트에 현재의 상황과 관찰자의 실재계의 욕망이 반응하여 현재에 맞는 새로운 의미화가 일어나는 복잡한 심리화의 과정이다. 헤이스가 언급한 바대로 라캉 식으로 이야기하면, "그것은 정통성을 가장하지 않고 그 자체의 폐지와 연결되는 건축, 베니스의 기초들 속에 절반이 파묻히는 죽음을 향한 알레고리이다."라고 표현할 수 있다. 또 롤랑 바르트 식으로 이야기하면 "문화의 통념론들을 읽는 혹은 더 나은 말로 다시 쓰는 행위로 즉, 이미 존재하는 것을 반복하는 동시적인 쾌락(문화적 혹은 학문적 동일성의 향유)이자 미적 파열의 향락(주이상스)으로 묘사한다." 라고 할 수 있다.[40] 그것은 달리 말해 죽음을 향한 실재계의 욕망이 현시된 것이라고 할 수 있다. 또한 데리다식으로 이야기하면 이 작업은 과거와 미래라는 역사를 비워내려는 미래완료적 글쓰기를 실천하는 것으로 모더니즘 건축의 야망을 비로소 안정화시키면서 완성시키는 것이다. 들뢰즈가 탐구하는 바로크 음악은 모든 연주가 각각 고유한 연주가 되는 것을 허용하고 장려한다. 따라서 바로크 음악의 연주는 매번 상이한 사건이 발생하는 것이나 마찬가지이다. 아이젠만의 미분적 매스의 움직임과 틈새 사이에서의 시각적 특이성과 공간을 걸으면서 느끼게 되는 경험은 실재계의 욕망의 요소들을 연계시킨 효과적인 방식이 되고 있다.

1026 존 헤이덕의 건축표현 경향: 조우(Encounter)

존 헤이덕(John Hejduk,1929-2000)은 시인이자 미국 건축가. 뉴욕 파이브의 멤버. 건축교육자(교수). 헤이덕은 실재계의 욕망의 요소들이 상징계에 원활하게 표현될

40) 같은 책, p89

수 있는 건축실험에 있어서 가장 선구적인 건축가라고 할 수 있을 것이다. 그는 낯선 것, 날 것 혹은 기괴한 것들이 지배하는 실재계가 현실세계(상징계)와 접목되며 드러나는 양상에 있어서 어떻게 건축공간을 구성하고 표현할 수 있는가에 대해서 지속적으로 실험했고 이를 매체(책, 포럼)과 건축교육(쿠퍼유니온, 렉처)을 통해 전파했던 것이다. 라캉과 지젝은 현실의 규칙이 지배하는 상징계와 무의식의 영역인 실재계와의 접점에서 나타나는 양상에 주목한다. 접점에서는 실재계의 무의식적 요소들(대상a, 향유)와 이데올로기가 필연적으로 작용하며 그것은 무의식적으로 행하게 되는 정치, 사회, 문화, 법률의 상부구조의 상호작용에 의해 만들어지게 된다. 지젝은 바로 그것이 조우하며 나타나는 순간들을 탐색하여 분석하는 대상으로 삼고 있다. 마찬가지로 헤이덕은 무의식의 영역이 상징계와 건축적 상징계의 영역에 드러날 때 어떤 방식으로 이러한 요소들이 상징계에 조우(encounter) 하며 표현될 수 있는지를 실험한 것이다.

헤이스는 헤이덕의 건축에서 실재계의 요소들이 상징계와 조우하며 드러나는 순간을 탐구하기 위해 바흐친의 크로노토프의 개념과 시지각 분절이론을 이용해 분석하고 있다.
먼저, 크로노토프의 개념에 대해서 살펴보면, 러시아 문예비평가인 미하일 바흐친이 정립한 문학의 크로노토프의 개념은 헤이덕의 건축에 있어서 중요한 건축적 모티브가 되었다. 미하일 바흐친의 경우 소설형식이론을 발전시키면서 형식주의의 추상성을 극복하기 위한 대안으로서 크로노토프의 개념을 제시했다. 크로노토프는 그리스어의 시간을 의미하는 크로노스chronos와 장소(공간)을 의미하는 토포스topos의 합성어로서 문자적 의미는 '시공간' 을 의미한다. 여기서 크로노토프의 의미는 저자가 독자에게 이야기를 전하는 일방적인 구조에서 상호 관계를 각자의 시공간이 따로 있는 개체들이 상호 대화하면서 엮어나가고 짜나가는 듯한 시간과 공간의 관계망 구조를 만들어나가는 것을 추구하는 것이다. 이러한 매개체의 관계망을 헤이스는 크로노토프라는 개념으로 정립한 것이다. 여기에는 새로운 시간과 공간이 엮여지기 위해 행위, 발화, 대화들이 이루어지면서 번안되고 변형, 각색되는 과정이 필연적으로 발생하게 마련이다. 그것은 마치 다양한 욕망과 목소리가 동시에 울려 퍼지며 엮이는 순간, 즉 시간과 공간이 하나로 통합된 듯한 양상이다. 그러므로 이 부분이 바로 건축에 있어서 주요한 관심지점이 된다.

바흐친은 다음과 같이 크로노토프의 개념에서 시공간이 통합되어 새로움을 생성하는 과정을 다음과 같이 언급하고 있다.
"문학예술 속의 크로노토프에서는 공간적 지표와 시간적 지표가 용의주도하게 짜인 구체적 전체로서 융합된다. 말하자면, 시간은 부피가 생기고 살이 붙어 예술적으로 가시화되고, 공간 또한 시간과 플롯과 역사의 움직임들로 채워지며 그러한 움직임들에 대해 반응하게 된다. 이러한 두 지표들 간의 융합과 축의 교차가 예술적 크로노토프를 특징짓는 것이다[41]) 이러한 개념을 실체로 만들기 위해 그는 행위의 구축학architectonics을 실체화하는 방법론으로서의 크로노토프 개념을 정립한다. 여기에서 구축학이란 인간의 대화와 같이 실재하는 것들의 행위들이 시, 공간 안에서 비선형적으로 엮이면서 사건이 생성되는 것을 의미한다.

바흐친은 텍스트가 만들어질 때의 시공간과 그것을 읽는 독자의 시공간이 만나면서 융합될 때의 시공간에서 새로운 크로노토프가 생성되는 것으로 보았다. 여기서 크로노토프 안에 또 다른 크로노토프들이 무수히 많이 존재한다는 바흐친의 역사관이 중요하다. 그것은 동시적 사건성과 다성성polyphony, multi-voices의 개념이다. 동시에 다채로운 사건이 벌어지면서 동시에 다양한 목소리가 중첩되는 상황이다. 그것은 대화와 텍스트의 해석에서 발생하는 다중성(충돌과 융합)이 발생한다는 것이다. 이러한 과정은 단순한 형태와 형식으로 나열되는 것이 아니라 상호인접하며 교환되고 화학적으로 변화되는 육화(肉化)의 과정을 거치는 것이다. 그것은 각자의 소리로 소통하는 대화와 같이 나, 타자, 저자의 시공간망의 접합으로 발생하게 된다. 이 때 그곳은 수많은 변수와 수많은 개체의 시간성이 각자 독

41) 미하일 바흐친, 장편소설과 민중언어, 전승희 외 역, 창작과 비평사, 1988, p178

립적으로 존재하고 그것이 접합되면서 새로운 것들이 생성되는 잠재성의 장소가 된다. 또한 자연스럽게 상호 연결을 통해 새로운 의미를 끊임없이 생성해나가는 데리다의 상호텍스트성의 개념과 연결된다. 그것은 탑다운 방식이 아닌 개별적 요소들이 자신의 목소리를 내면서 필요를 따르는 구성이 자연스럽게 조화를 이루는 보톰업 방식이라고 할 수 있다.

연구자 윤숙희는 크로노토프와 건축적 접면의 연계성에 대해서 다음과 같이 세 가지의 특성으로 분석했다.

첫째, 러시아 사실주의 소설의 특징은 인접성에 근거한 환유적 치환meteonymical conversion이다. 크로노토프는 주체들이 평행적으로 기술되는 환유적 치환의 장치이다.

둘째, 크로노토프는 개별적 시공간망들의 총합이다.

셋째, 크로노토프는 능동적 단계, 행위, 발화 그리고 대화로 살아있는 매체가 된다.[42]

소쉬르의 언어학이 근대 구조주의적 언어학의 기초를 이루고 있다는 것은 주지의 사실이다. 바흐친은 언어학이 성립하는 대화의 근본 구조에서 논의되지 않은 부분으로 인해 나타나는 문제점을 분석한다. 그는 언어로 대화가 진공상태와 같은 조건이 아니라 사회적 상황으로부터 만들어지며 각종 외적 변수들이 교차하며 만들어지는 총체적인 사회적 산물이라는 점을 강조한다. 여기서 바흐친은 각자의 목소리가 무시되지 않고 드러나며 시공간의 총합이 원활하게 이루어지게 되는 것이 바로 '살아있는 시간' 이 충만한 바람직한 공간으로 보았다.

그렇다면 존 헤이덕은 이러한 조우의 개념을 실천하기 위해 어떠한 방식으로 실재계의 요소들이 건축적으로 드러나게 했을까? 대략 다섯 가지 정도로 정리할 수 있다.

42) 윤숙희, 크로노토프 건축, 존 헤이덕의 건축을 중심으로, spacetime, 2009, p81

첫째, 시간의 흐름에 따라 기능과 프로그램이 사용자에 따라 끊임없이 새로운 감각으로 재생산 될 수 있도록 했다. 둘째, 시지각 분절이론을 도입하여 실재계와의 조우를 상징하는 공간을 구성했다. 이때 실재계의 다양한 건축적 요소들이 조합된다. 셋째, 실재계에 등록된 기괴한 건축적 요소들을 조합하여 대상a의 건축적 요소들을 라이브러리를 구축하고 그것을 조합한 독특한 건축공간구성과 경험을 실험했다.

넷째, 시공간이 중첩, 이접되는 실재계의 요소들이 드러나는 마름모꼴의 이미지-스크린의 개념을 다이아몬드 하우스 연작에서 공간구성을 실험했다. 다섯 째, 메두사의 가면과 같이 비가시적인 것(대상a, 향유)이 은폐되어 있다가 드러나는 공간구성과 입면구성을 통해 실재계의 욕망이 은밀하게 드러나도록 했다.

우선, 그는 시간의 흐름에 따라 기능과 프로그램이 사용자에 따라 끊임없이 새로운 감각으로 재생산 될 수 있도록 실험했다. 이에 대한 대표적인 사례로 NEWS주택을 들 수 있을 것이다.

시간과 관련하여 헤이덕은 낮과 밤 주택과 북동남서 주택(NEWS) 주택을 통해 시간의 흐름과 함께 거주자 혹은 그 공간을 점유하고 있는 사람이 주택의 프로그램(거실, 침실, 식당 작업실 등)과 태양 궤도의 흐름과 시간의 흐름에 따라 끊임없이 변화하는 새로운 감각을 느낄 수 있도록 다른 시공간을 경험할 수 있도록 계획했

59

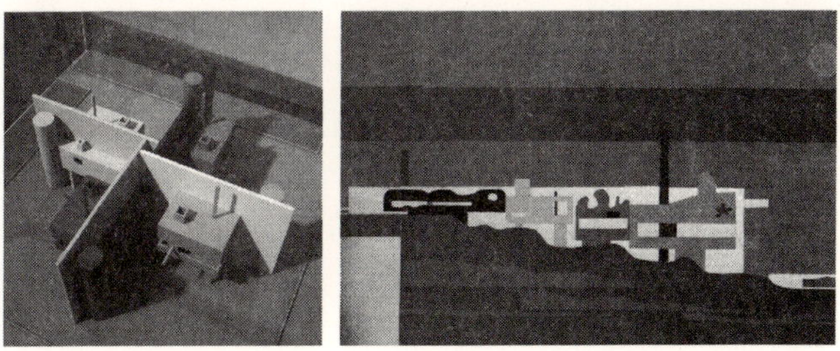

59. 헤이덕의 NEWS 주택

다. 거주자가 각 공간의 기능을 사용하기 위해 벽을 따라 연결되어 있는 동선의 복도를 이동하게 되면 다른 방위에 위치해 있는 방은 각 계절과 하루의 시간에 따라 다른 색채와 다른 느낌으로 다가오게 될 것이다. 거기에 사용자의 삶이 같이 녹아 끊임없이 새로운 시간과 기억이 생성될 것이다. 헤이덕은 색, 공간, 프로그램을 통하여 공간 이용시 움직임이 상호 엮여지면서 시공간이 상호 충돌하고 침범하면서 융합되어 새롭게 짜일 수 있는 계획을 제시했다. 그것은 오늘날 현상학적인 관점에서 끊임없이 변화하고 새로운 감각을 지속적으로 느낄 수 있는 '살아 있는 시간' 을 경험할 수 있는 시공간을 건축적으로 제시한 것이다. 오늘날 스티븐 홀은 시차(parallax)라는 개념으로 빛의 변화와 시간의 흐름, 사용자의 움직임에 따라 다른 차원의 경험을 느끼게 계획하는데 그것은 다성성의 개념과 함께 기억 속의 무의식의 요소들을 관조하고 회상하게 하면서 원활하게 끄집어 낼 수 있는 방법이 되고 있다.

두 번째 헤이덕은 시지각 분절이론을 도입하여 실재계와의 조우를 상징하는 공간 구성 실험했다. 다양한 실재계의 건축적 요소들이 조합되어 상징계에 드러나는 양상은 주로 Wall house 연작 실험에서 주로 볼 수 있다.

그는 네덜란드 Wall House에서 이렇게 '조우' 하는 순간을 상징하는 벽의 면(이미지-스크린 벽의 작용)을 기점으로 다양한 형태들이 창발하듯이 튀어나오는 듯

60

60. 존 헤이덕, Wall House, 이미지 스크린

한 낯선 느낌의 장면을 연출하고 있다. 이를 통해 헤이덕은 생산과 소비의 장면을 무대화함으로써 실재계의 잔여물을 경험하는 순간을 나름대로 표현하고 있다. Wall House 연작에서는 공통적으로 벽 뒤의 고통스러운 헤맴과 움직임의 공간 및 동선이 존재하고 벽을 기점으로 하여 벽 앞으로 다양한 형태가 창발하듯이 튀어나온 형상을 보이고 있다. 벽 뒤에는 어두운 복도 공간을 오르거나 램프와 돌음계단으로 벽을 따라 끊임없이 오르게 되어 있다. 그것은 마치 미로 속을 헤매는 실재계의 요소가 탈출구를 찾아 헤메이는 과정을 생각나게 한다. 마침내 벽을 관통하는 출입구를 지나 벽을 지나면 벽앞의 전경이 파노라마식으로 펼쳐지며 다양한 형태의 공간으로 분출되듯 나오게 된다. 그것은 마치 주체의 시각과 객체중심 혹은 신의 시각이 교차하면서 만들어지는 마름모꼴의 이미지-스크린의 영역으로 실재계의 대상a와 환상이 상징계로 튀어나오는 것과 유사하다. 후반기 헤이덕 작업에서 나타나고 있는 캐릭터화 되어 있는 요소들이 상호 조합되며 만들어내는 것은 고유한 시공간망의 벡터들이 이접되고 충돌하면서 새로운 크로노토프를 생성시키는 양상과 장field을 만들어내는 것이라고 할 수 있다.

셋째, 실재계에 등록된 기과한 건축적 요소들을 조합하여 대상a의 건축적 요소들을 라이브러리를 구축하고 그것을 조합한 독특한 건축공간구성과 경험을 실험했다. 라캉의 시지각 예술이론(분절이론)에서와 같이 주체와 대상의 시각이 동시에 접목되면서 조우하는(만나는) 순간은 이미지-스크린의 영역으로 언급된다. 그 이미지-스크린의 마름모꼴 영역은 '응시'의 순간이자 헤이덕이 말하기로 '가면이 쓰이는 순간'이다.[43] 그것은 상호 시각적 개입을 통해 정체성을 획득하는 순간이다. 달리 말해 그것은 상징계와 실재계가 조우하는 순간이다.

61

61. 존 헤이덕, 요소들

43) 헤이덕은 자신의 40여 년간의 작품을 모아 '메두사의 가면'을 출판했다. 가면을 쓰는 행위는 가면안의 나의 주체시각이 있고 가면을 쓰게 되면 가면의 정체성으로 보는 시각에 따라 다른 행동을 할 수 있는 용기를 얻게 되어 가면을 쓰지 않고 있을 때와 다르게 행동할 수 있는데, 그것은 실재계에 등록되어 있는 대상a와 환상 등의 욕망이 발동하는 '응시의 시각'을 의미한다.

헤이덕의 주택에서 그것은 벽으로 상징되며 대문자 A가 보내는 응시의 순간이 된다. 그 벽에서 튀어나오는 기괴한 형상은 낯설고 괴물과 같은 느낌을 준다.

그것은 실재계와 상징계가 접목되면서 드러나는 순간을 표현하고 있다. 헤이덕의 작품은 낯설고 괴물과 같다는 평가를 받는데 헤이스는 "그것은 추상이나 구상, 불투명성이나 투명성, 특이성이나 전형성의 범주화를 거부한다는 뜻이다. 그것은 모더니즘적 불투명성을 재현 그 자체로 다시 새기는 것을 의미하지만, 그 가면은 또한 그것의 재현 이전에는 존재하지 않았던 상황을 재현하기도 한다."라고 평가한다.[44] 헤이덕의 작품이 기존의 형이상학적 표현으로는 미처 다 표현하지 못한 실재계의 잉여와 잔여물들이 현실과 접목하여 조우하고 있음을 표현하고 있는 것으로 생각한 것이다.

62

62. 존 헤이덕의 요소들

44) 같은 책, p136

63

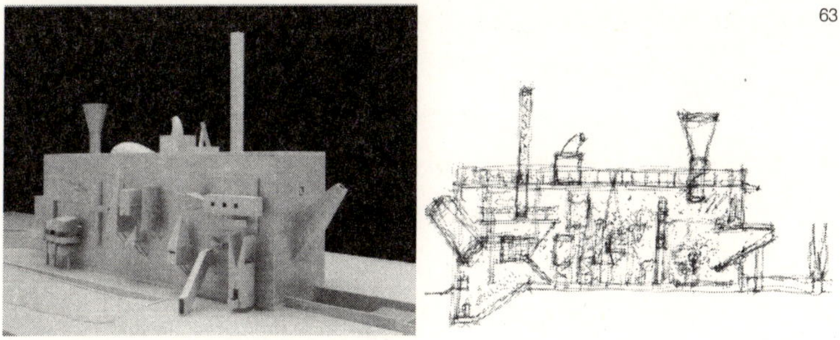

실재계의 요소들이 극적으로 표현되고 있는 주요한 실험작으로, Cathedral 계획안에서 헤이덕은 성스러운 사순절을 상징하는 표현 이외에 사순절 분위기와 함께 표현하는 것이 불경스러울 것 같은 '먹기, 마시기, 배변하기, 성교하기, 삼키기 구토하기라는 신체적 하부지층에 대한 물질적인 키워드들을 표현하고 있는데 내용은 바흐친의 방법론을 참조하여 건축적으로 표현하고 있다. 그의 스케치에는 십자가에서 내려진 예수를 끌어안은 사람들과 예수의 피를 상징하는 수로가 위치해 있다. 여기서 헤이덕의 작품은 시간과 공간이 융합된 장르를 규정하는 의미인 크로노토프의 개념으로 설명가능하다. 헤이덕의 작업에서 장소(육체, 공간)는 환유적으로 치환된 캐릭터로 현재화되며, 프로그램(움직임, 시간)은 캐릭터들의 행위로 구축된 장르가 된다.

64

넷째, 시공간이 중첩, 이접되는 다차원적인 다이아몬드 하우스 등의 시지각 분절이론이 나타나는 공간구성을 실험했다.

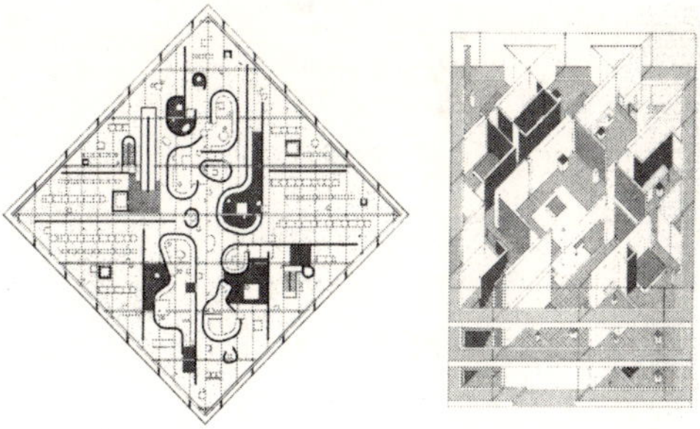

63. 존 헤이덕, Cathedral
64. 존 헤이덕, 다이아몬드 하우스

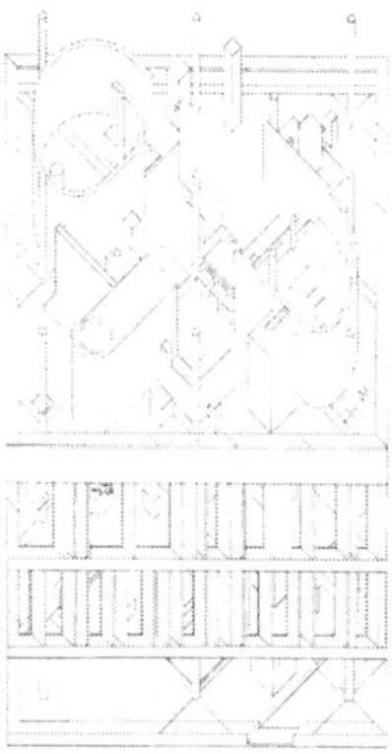
65

헤이덕의 다이아몬드 주택 시리즈는 2차원을 3차원의 표현으로 그린다거나 3차원 드로잉을 2차원의 표현으로 구성함으로써 과거와 미래가 현재에 공존하는 시공간이 중첩되고 이접되고 교통되는 다차원적인 표현을 추구했다. 이 작업에서 헤이덕은 정방형 평면을 다이아몬드로 다시 다이아몬드를 정방형 아이소메트릭으로 변화시켜 구성하는데, 그것은 중심성을 유지하는 가운데 회전의 원심력이 작용하여 공간의 확장감과 깊이감이 깊어지고 있다. 이 지점은 헤이덕이 주장하기로 시지각 이론에 있어서 마름모꼴의 스크린 영역이 수행하는 것과 유사하다.

다섯째, 헤이덕은 메두사의 가면과 같이 비가시적인 것(대상a, 향유)이 은폐되어 있다가 드러나는 공간구성과 입면구성을 통해 실재계의 욕망이 은밀하게 드러나도록 했다.

헤이덕은 가면의 역할에 대해서 숙고하여 그것을 작품에 응용해왔다. 우선, 가면에 대해서 생각해보도록 하자. 한 배우가 여러 가면을 쓰고 연기하게 되면 가면의 정체성에 따라서 그의 표현이 확장되는 특성을 보이며 때로는 본인의 정체성을 은폐하거나 가장하는 특성을 보인다. 또 가면은 사람의 얼굴을 가려서 그 사람의 정체를 새로운 가면의 모습으로 덧씌움으로써 가면을 쓴 사람의 사회적인 겉모습과는 다른 내면의 욕망을 자연스럽게 표출할 수 있게 하는 역할을 한다. 일반적으로 사람들은 가면무도회에 가서 가면을 쓰고 익명성이 보장되게 되면, 무도회가 아니면 쉽게 할 수 없는 언행까지도 범할 수 있는 용기가 생기게 된다. 가면을 쓴다는 것은 사회적인 내가 아닌 상태라고 믿고 욕망을 취하고자 대담해지는 계기가 되는 것이다. 메두사의 가면의 신화는 이러한 인간의 특성을 상징화하고 있다. 패션 브랜드 베르사체 역시 메두사의 머리를 로고로 하고 있으며 메두사의 아름다움과 아름다움을 보는 시선을 응고시키는 힘을 얻고자 하는 인간의 욕망을 상

65. 존 헤이덕, 다이아몬드 하우스

66

67

징한다. 이처럼 베르사체의 로고는 자유롭게 드러내고자 하는 가면으로 작용하며 욕망을 발현하고자 하는 인간의 특성을 잘 표현하는 로고라고 할 수 있다.[45] 가면을 쓴 순간처럼 그의 건축은 주위의 평범한 건축물인 것 같으면서도 동시에 실재계의 욕망의 잔여물과 잉여물들이 가려지거나 은폐되어 있다가 드러나며 현실세계에 적절 순간에 실재계의 욕망이 표출되는 건축물을 지향한다. 실재계의 깊은 욕망의 감수성이 포착되어 외부로 슬쩍 드러내는 것이다.

헤이덕은 모더니즘 건축의 거장인 르 코르뷔지에의 '라로쉬 주택' 을 언급하며 '이 주택은 깨끗한 이미지의 이면에 일종의 섬뜩한 기괴함과 무시무시함이 내포되어 있다' 라고 주장한다. 앞서 살펴본 초현실주의의 데페이즈망 기법과 같이 그의 표현으로 언급하자면 "식당 테이블이 시체 안치대와 같이 느껴질 정도이다" 라고 하는 것이다. 그것은 메두사의 섬뜩함과 같은 느낌을 받게 된다고 주장한다. 그것은 백색의 모더니즘 건축의 미장된 이미지(가면) 이면에 도사리고 있는 무시무시한 공포의 욕망이 잠복하며 도사리고 있다는 표현인 것이다. 다시 말해 비가시적인 어떤 기운이 가시적인 것에 잠복(은폐)되어 있는 건축을 추구하는 것이다.

비가시적인 것이 잠복되어 있는 건축의 사례로서 헤이덕이 예시를 들고 있는 뉴잉글랜드 하우스는 성적으로 위협적이고 복합적이면서 동시에 개방되어 있다. 그것은 눈에 보이지 않는 실재계의 은폐되어 있는 어떤 기운이 애매하고 모호하

66. 르 코르뷔지에 라로쉬 주택
67. 뉴잉글랜드 하우스, Widow' s Walk

45) 이종건, 김수현, 존 헤이덕 건축에서 '메두사의 가면' 의 의미에 관한 연구, 대한건축학회 논문집, 28(1), 2012, p150

게 드러나는 순간 혹은 기운이 있는 건축이다. 실재계의 심층적 감수성을 드러내는 순간을 포착할 수 있는 건축의 예시를 그는 뉴잉글랜드 주택으로 설명하고 있다. 불길함의 기운은 마치 유진 오닐의 소설 '밤으로의 긴 여로' 와 같이 겉으로는 화목하지만 불안한 운명이 점점 다가오는 가족을 생각나게 하기도 하고 영화 '블루 벨벳' 에서처럼 평범한 미국 중산층 가정의 생활 이면의 추악하고 기괴한 무의식의 세계가 엿보이는 분위기를 보이고 있다.

뉴잉글랜드 주택의 특징은 다음과 같다. 그 지역의 주택에서는 과부의 복도 widow' s walk라는 공간이 존재하는데 뱃사람의 부인이 남편이 무사하게 귀환하기를 기다리며 확인하는 장소로 계획된 곳이다. 헤이스는 선장이 출항하는 아침 나절 상복과 같이 검은 드레스를 입고 배웅하는 장면을 연상하면 무언가 불길하고 성적인 환상에 사로잡히게 된다고 표현한다. 두 채의 집의 침실 평면이 일견 유사해 보이지만 자세히 살펴보면 미묘하게 다른 평면을 보이고 있으며 꼭대기의 두 날개도 미묘하게 다르다. 헤이덕이 표현하기로 구조물 사이로 울타리를 가로질러 진입하는 입구는 단두대와 같은 느낌을 준다고 표현하고 있다. 가구가 고정되어 있고 한가운데 이상한 보이드가 존재하는 것 등이 그러한 기운을 증폭시키고 있다.

이 주택의 느낌은 메두사의 신화에서 메두사의 삶과 일치한다. 그 주택은 숭고함과 저속함과 욕망, 그리고 남성과 여성의 여러 다른 특질들이 교묘하게 녹아들어가 있다. 일차적으로 보이는 이미지의 이면에 녹아들어가 있는 대립적인 요소들은 구축의 방법론에 따라 은밀하고 때로는 교묘하게 드러나게 된다. 그것은 메두사의 가면과 같이 실재계의 깊은 욕망과 잉여의 감수성을 은폐시키면서 동시에 교묘하게 드러나게 하는 매개적인 역할을 한다. 그것은 외적 이미지의 숭고함을 추구하면서 동시에 은폐되어 있는 여성적인 심층의 감수성과 욕망을 은밀하게 드러내는 역할을 하는데, 그 방법론은 은유, 환유적으로 드러내어 시적인 표현이 주가 된다.

건축은 기본적으로 그 나라와 풍토로부터 영향 하에 다양한 외적 변수로부터 시작되는 이데올로기적인 요소들로 인해 실재계의 욕망이 온전하게 표현되지 못하고 억압되는 부분이 존재한다. 건축가가 신경써야할 부분은 실재계의 욕망이 이데올로기와 충돌하더라도 감당할 수 있는 정도의 미묘한 차이를 적절하게 보완하여 담론과 작품으로서 제시함으로써 이데올로기의 문제점을 정면 돌파하는 방법일 것이다. 후자의 영역은 좀 더 정치적인 방식일 것이며 매끄럽게 목적을 성취하기 위해 스마트하고 다양한 시도의 방법론이 필요할 것이다.

존 헤이덕의 작업은 실재계의 잔여물들(대상a, 환상)등과 같이 비가시적인 것이 은폐되어 있는 가운데 은밀하게 드러나는 가시적 건축을 추구했다. 그의 작업에서는 라캉의 시지각 분절이론에서처럼 이미지-스크린의 기능을 수행하는 영역에서 드러나는 실재계의 욕망이 미묘하게 드러난다. 시공간의 통합, 다성성은 들뢰즈 식으로 이야기하면 후기구조주의의 이면의 욕동이 원활하게 복합화되며 표현될 수 있는 것이며 라캉 식으로 이야기하면 실재계의 대상a와 향유의 요소들이 상징계와 맞물려 원활하게 표현되고 접합될 수 있는 방법론이라고 할 수 있다. 현상학 이후 인류의 정신사에서 주로 다루었던 부분은 이성의 폐해를 극복하기 위한 것이 매우 큰 부분을 점유하고 있다. 그런 측면에서 헤이스는 실재계와의 만남과 짜임이 원활하게 접합되는 측면을 고려하여 조우(encounter)라는 키워드를 설정했다. '조우' 가 원활하게 드러나게 되면 그것이 바로 크로노토프의 능동적 대화가 이루어지는 '살아있는 시간' 의 개념이 이루어지게 되는 것이다. 조우의 개념은 해체주의의 상호텍스트성과 차연의 개념, 그리고 다양한 요소들이 만나고 충돌하면서 생성해내는 하모니의 세계, 다원주의의 세계를 효과적으로 표현할 수 있으며 다원적인 요소들 자체의 시공간이 사이좋게 공존하며 짜일 수 있는 방법도 되고 있다. 그것은 달리 말해, 당파적인 것과 억압되고 무시된 것들, 혹은 억압된 심리적 요소들이 적절히 상징계에 표현되며 안정화될 수 있는 방법론이라고도 볼 수 있다. 실재계와 상징계는 긴밀하게 연결되어 있다. 상징계에 존재하지만 실재계를 철저하게 무시하고 배제하는 것은 상징계를 거치면서 남게 되는 대상a와 향유의 요소들과의 긴밀한 연결 관계와 메커니즘을 의도적으로 무시하는 것으로 건강하지 못한 것이 된다. 존 헤이덕은 상징계와 실재계의 영역에서 동시에 작용하는 이데올로기의 왜곡현상으로 왜상(倭像)46)이 형성되는 경향을 연구하고 건축적으로 새롭게 표현하며 극복하고자 하는 실험을 지속해왔다는 점에서 선구적 작업을 수행한 건축가로 남아 있다.

1027 버나드 츄미의 욕망의 건축구축방식: 간격(Interval) 47)

스위스 건축가 버나드 츄미는 지속적으로 불확정적인 건축을 추구했는데 그의 작업은 전통적 양식과 프로그램을 해체하여 재구성하는 작업을 선호했다. AA재학 시절 피네간의 경야를 텍스트로 삼아 '조이스 공원' 을 계획한 이후 이러한 경험의 연장선상에서 라빌레트 공원을 점, 선, 면, 그리드의 중첩, 삽입, 교차, 분절을 이루는 작업을 진행했다. 피네간의 경야는 다차원의 알레고리화가 가능한 다층의 텍스트들로 구성되어 있다. 츄미는 흔적의 발굴과 추상적 매개전략을 통해 부재의 건축을 추구했는데, 이 과정에서 그는 프로그램의 교차와 컨텍스트의 해체, 탈 중심의 형태를 배치했다. 이를 통해 보행자들은 각 요소들을 지나면서 중첩, 이접, 모호, 붕괴, 분리 불연속, 탈규범, 무의미의 유희적인 요소들이 창발하는 느낌을 받으며 새로운 의미화를 이루도록 계획하였다.

68 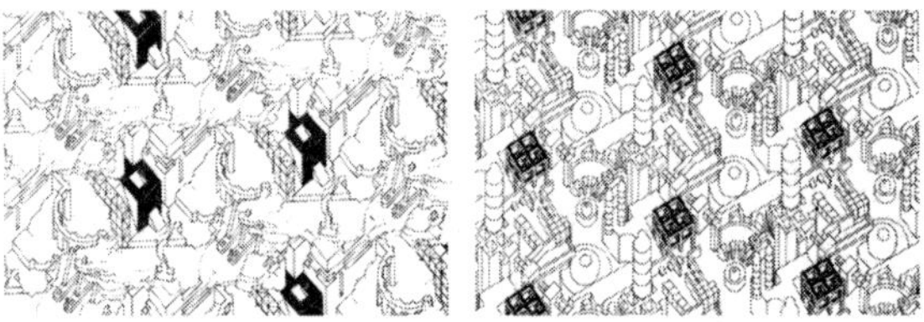

68. 버나드 츄미, AA재학시절, Joyce' s Garden

46) 왜상은 실제와 다르게 만들어진 왜곡된 형상인데, 여기서의 의미는 이데올로기가 현실과 실재계의 간극을 연결하면서 왜곡된 상을 만들어내게 되는 현상을 의미한다.

47) 1018의 내용은 임기택, 정진석, 베르토프 간격이론과 츄미의 욕망의 구축방식의 관계성 연구, 대한건축학회지회연합 논문집 21편 4호, 2019, p51~59의 내용을 중심으로 기술됨

헤이스는 버나드 츄미는 라캉의 욕망과 관련하여 설명하기에 가장 적합한 건축구축방법론을 사용하는 건축가라고 언급한다. 아이젠만의 경우, 데리다와의 협업과 함께 상호 영향을 주고받으면서 공통점도 많고 해체주의 담론에 더 기울어 있는 반면, 츄미의 경우에는 오히려 라캉의 이론에 더욱 기울어있는 측면이 있다.

그는 상징계의 한계 내에서 실재계의 욕망을 감지할 수 있도록 존재론적 경계에 대해서 집요하게 탐구했다. 맨해튼 스크립트로 대표되는 그의 독특한 표현방법론은 실재계의 욕망을 상징계에 효과적으로 드러낼 수 있도록 표현하는 방법론으로서 제시하고 있으며, 그것은 상징계의 한계를 여지없이 무너뜨리는 획기적인 방법론으로, 기표의 의도적인 미끄러짐과 이중성을 사용하여 표현하고 있다. 마치 메두사의 가면과 같이 그의 다이어그램은 쾌락과 어두운 무의식의 흐름들이 녹아들어가면서 상징계속에 기표로서 표현되고 있다. 그의 다이어그램은 도면도, 이미지도 투시도도 아니지만 달리 말하면 그 모든 것이기도 하다. 맨해튼 스크립트의 장면의 흐름을 따라가다 보면 마치 초현실주의 자동기술법의 수법처럼 의식의 흐름과 심층의 감수성, 쾌락 및 금기 등의 공간을 휘젓고 다니는 느낌이 들게끔 만든다.

또 한편, 그의 중요한 욕망 드러내기의 방법론은 교차 프로그래밍이다. 그것은 전혀 상관이 없는 듯한 이질적인 건축의 프로그램을 병치시킴으로써 사용자와 관찰자에게 의외성과 함께 실재계의 심상과 잔여물들을 소환할 수 있고 프로그램 자

69

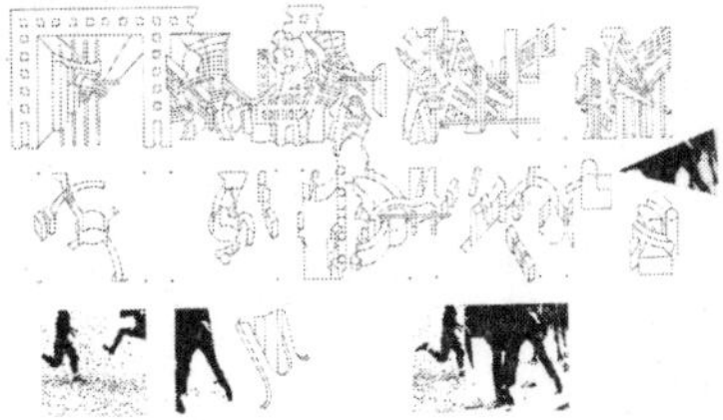

70

69. 츄미, 맨해튼 스크립트1
70. 츄미, 맨해튼 스크립트2

체의 시너지를 일으킬 수 있는 방법론이다. 즉, 프로그램 자체의 시너지는 대부분 상업적인 측면에서의 의외의 활성화를 가져올 수 있도록 하는 것이다.

프로그램과 이질적인 프로그램을 병치시키는 방법론은 러시아 영화감독 베르토프의 간격이론과 연결된다. 그는 건축적 사건과 예상되는 사건들의 간격을 교묘하게 배치함으로써 모순적인 상황 속에서 즉흥성과 함께 새로운 감정을 불러일으키며 프로그램상의 시너지를 일으키도록 만드는 것이다. 그것은 베르토프식 몽타주에서 주로 쓰이는 방법론이다.[48] 그러한 간격에서 일어나는 사건(event)들은 들뢰즈 식으로 이야기하면 결국 즉흥적인 특이성들의 분기와 차이가 발현되는 공간으로 변모시킨다. '수술대 위의 노란 풍선 혹은 재봉틀' 과 같이 츄미의 교차 프로그래밍은 독특한 감성과 기억을 불러일으킨다. 엘리베이터 샤프트에서의 스카이다이빙, 빨래방에서의 자전거타기 등과 같은 식이다. 교차 프로그래밍의 공간은 때로 상징계에서는 드러내놓고 표현할 수 없는 실재계의 자살, 살인, 기괴한 괴물과 같은 느낌까지도 포함하는 죽음의 욕동을 표현한다. 대타자로서의 건축A는 끊임없이 욕망의 주체로 반복되며 구축되어야 한다. 그것은 결국 무의식의 사건들이 창발하는 구조와 교차프로그래밍으로 이루어지는 것이며 끊임없는 궤도 속에서 대문자 C의 도시에 자연스럽게 귀속되는 것이다. 그러한 건축을 츄미는 추구하는 것이다.

츄미가 생각하기에 이벤트가 발생하는 구성의 형태는 콜라주된 시퀀스(충돌) 또는 몽타주 시퀀스(침범)가 동시에 일어나는 것이다. 그것은 모순된 현상이 동시에 발생하는 것으로 충돌과 침범의 행위가 폭력적으로 동시에 일어난다. 그러한 현상은 공간에서 시작되면서 동시에 이어지는 공간에서 다른 행위와 이벤트가 동시다발적으로 발생하게 된다. 그는 이러한 특성의 이벤트를 위해 직선상의 시퀀스에서 벌어지는 행위를 위한 프로그램의 공간들을 배치하게 되는데 흐름은 조합 및 재조합의 방법론으로 결합된다. 변수들의 배치와 재조합은 상이한 분야들과

48) 몽타주: 러시아 영화감독 에이젠슈타인이 정립한 용어로 쇼트와 쇼트를 충돌시켜 새로운 제3의 이미지를 만들어내는 것으로 정의했다. 그것은 기존의 쇼트 요소를 조합하여 새롭게 의미를 생성시켜내는 변증법적 과정이다.

의 연계를 통해 상상하지 못했던 활동들이 창발되게 된다. 츄미는 구조주의에 대해 언급하면서 다음과 같이 구조의 '사이'를 중시하는 표현을 하고 있다.

"구조주의가 남긴 가장 중요한 유산은 자기 스스로 발견해나간다는 것이며, 항상 그 의미는 연속된 구조 안에서의 틈새의 움직임에 의해서 생성되는 면과 위치의 기능이라는 것을 말해주고 있다...(중략)... 라빌레트 연구의 중심원리가 바로 그 틈새의 원리였다. 치환의 기법은 맨해튼 스크립트에서 처음으로 탐색되었다. 전쟁터에서 스케이트 타는 축구선수는 사물, 인간 그리고 이벤트 간의 호환성에 대한 선언이었다. 필름 몽타주의 다양한 기술에서 만큼이나 후기 구조주의자들의 글에서도 영향을 받았던 맨해튼 트랜스크립트는 라 빌레트 계획에 적용될 내용을 이론적으로 소개하는데 그쳤다." 49)

영화기법	베르도프 표현	츄미 표현	효 과
이중노출			투시도의 장면을 이중으로 겹쳐지게 표현 특정 공간의 이미지와 경관들이 중첩되면서 다차원의 감각을 느낄 수 있음.
스플릿 스크린		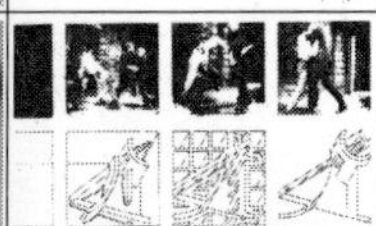	두 가지 다른 장면을 보여 주면서 유사한 느낌을 주게 표현 프로그램 및 행위 및 이벤트의 새로운 배치를 통해 새로운 의미생성을 가능하게 함.
더치앵글			불안정한 각도나 대상을 왜곡시켜서 불안감이나 불편한 감정을 느끼게 하는 방법. 공간이나 시각적 경관이미지를 의도적으로 배치하면서 혼란과 혼돈의 감정을 유도하도록 배치됨.
Fast Cutting	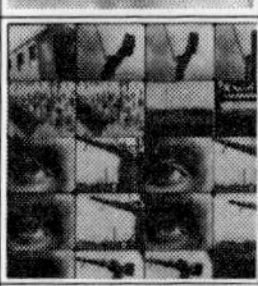	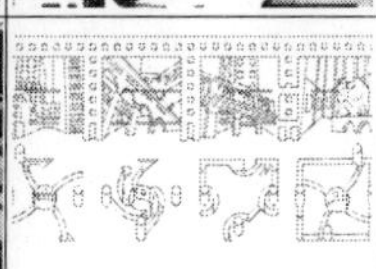	계속되는 투시도의 장면들과 관련된 이미지들을 훑어보게 되면 스크립트를 보고 있는 사람은 머릿속에서 장면들이 이미지들과 섞이면서 뭉개지며 새롭게 그 투시도장면과 이미지들이 인식되게 하는 수법을 사용
Slow and fast motion		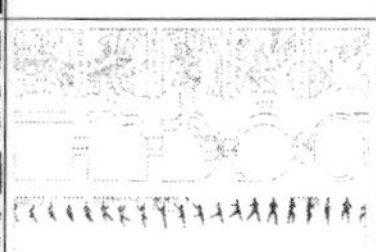	장면들을 구성하는 평면을 동시에 부여하면서 장면을 이동하면서 느리고 빠르게 움직이는 시간의 흐름을 조작하여 시간의 간격을 공간의 간격으로 치환하여 조작함으로써 실제 공간의 흐름과 시간을 새롭게 인식하게 만드는 수법

표 베르토프의 간격이론이 적용된 츄미의 텍토닉

49) 같은 책, p 174

공간과 움직임, 이벤트와 사회적 가치의 해체 등은 건축적 프로그램과 공간의 베르토프식 영화적 배치와 변경을 통해 새로운 관계를 설정하며 관습적인 내러티브식 건축을 초월할 수 있게 된다. 라빌레트 공원에서 폴리들이 배치되는 그리드의 교차점은 '건축적 개입'의 위치가 되고 이 점은 움직임과 이벤트가 일어나는 선적인 요소들과 면적인 요소들로 연계되는 장field을 형성한다. 그것은 문학적 프로그램과 건축프로그램 사이에서의 영화적 배치(병치)를 통해 새로운 의미를 생성하면서 확장된다. 건축 작업은 그 지역의 콘텍스트와 반응하여 심상의 무의식적인 요소들과 조우하고 드러날 수 있는 잠재성을 발현시키게 된다. 그것은 텍스트들 사이를 매개하는 역할을 한다. 영화적 기법으로서의 몽타주는 반복, 전도, 전치, 삽입 등의 베르토프식 기법들이 사용되면서 콘텍스트의 실재계가 상징계와 접목되어 조우하게 하는 역할을 했다. 츄미는 다음과 같이 언급한다.

"무엇보다도 이 공원 계획안은 인과적 관계를 공격하고, 형태와 기능, 구조와 경계, 혹은 형태와 프로그램 간의 대립적 관계를 인접과 중첩이라는 새로운 개념으로의 대체를 목적으로 하였다. 어떤 주어진 프로그램을 해체한다는 것은 그 프로그램 이 내포된 자신의 이데올로기에 도전할 수 있음을 의미한다."[50] 지젝이 이야기했듯이 이데올로기는 자신이 그것을 행하는 것(이유)를 알지 못하는데도 행하고 있는 것을 말한다. 츄미 역시 이데올로기적으로 규정되어 있는 그 시대의 프로그램과 배치를 도전적으로 해체하여 긍정적이고 무의식의 요소까지도 풍부하게 포함시킬 수 있는 방식으로 실험한 것으로 볼 수 있다.

츄미는 레이트 아방가르드 건축가들 중에 특히 간격(틈)에 있어서 많은 실험을 수행했다. 그는 실재계의 대상a와 향유적인 요소들을 현실에 접목하여 원활하게 드러나고 상호 교통할 수 있는 건축적 방식에 관심을 집중했다. 그는 건축구축방법론적인 측면에서 프로그램을 병치시키고 간격의 틈을 조절하는 방식을 베르토프의 간격이론으로부터 가져왔다. 그는 베르토프로부터 영향을 받아 영화적 기법들을

50) 같은 책, p189

다양하게 실험함으로써 해체주의 건축이 유행하던 시기에 세계적으로 유명해졌고 이러한 주제를 중심으로 계속해서 이론과 건축 작업에서 꾸준히 실험하고 있다.

"라빌레트는 아무것도 의미하지 않는 건축, 의미가 아니라 언어로서의 건축, 즉 언어의 유희 또는 순수한 흔적으로서의 건축을 지향했다. 니체 식으로 표현하자면 의미의 고정을 거부하는 것은 무의미가 아니라 의미의 복수성을 뜻하기 때문에 라빌레트는 무한한 해석을 향해 계속 움직인다."[51] 간격(사이, 틈)으로부터 실재계에서 새어나오고자 하는 대상a와 향유의 요소들이 효과적으로 드러나고 표현되고 동시에 공간을 경험하고 이동하면서 느끼게 되는 알레고리화를 중시하는 것이다.

헤이스에 의해 레이트 아방가르드로 명칭 되며 분류된 4명의 건축가인 로시, 헤이덕, 아이젠만, 츄미는 유비, 조우, 반복, 간격두기 등의 방법론으로 실재계에 등록되어 남아있는 잉여의 잔여물들이 효과적으로 상징계의 현실(도시C)에 드러날 수 있는 방법론들을 실험했다. 그것은 근대 이후 눈부시게 발전한 기술로부터 나온 국제주의 양식 5원칙에 의해 만들어진 삭막한 기능위주의 도시건축의 폐해를 극복하고자 하는 사유로부터 기인한다. 전통과 단절되어 새로운 시스템이 무작위로 삽입되며 역사와 유리되는 경험을 하게 된 서구인들에게 그 문제는 절박한 것이었다. 그들은 이러한 이성의 폐해를 극복하고 역사를 이어나가면서 동시에 이성에 의해 의도적으로 배제되었던 요소들, 즉 실재계의 잔여물들이 역사적인 것들과 어울려 효과적으로 드러날 수 있는 방법론을 추구했다. 주지하다시피 실재계의 욕망이 적절하게 해결되지 않은 상태로 억압되어 있게 되면 반드시 문제가 생기기 마련이다. 레이트 아방가르드가 실험했던 방법론은 실재계의 욕망에 귀 기울이며 건축의 주체와 건축 그 자체가 시대와 외적변수와 콘텍스트와 화해하고 건전하게 어울려 공존할 수 있는 표현과 공간을 실험한 것으로 앞으로도 계속해서 논의되고 발전시켜 나갈 필요가 있을 것이다.

51) 같은 책, p193

욕망의 표현과 관련된 건축가의 작품특성

1028 레베우스 우즈의 건축표현 경향

레베우스 우즈는 5권 해체주의에서 살펴본 바가 있다. 그의 건축은 데리다가 이야기하는 해체주의의 개념인 '사이(틈)의 유령' 으로서의 글쓰기 개념으로 설명 가능한 부분이 존재한다. 데리다의 무의식적인 욕망의 흐름이 '미래완료적인 글쓰기' 로 표현되는 것과 같이 우즈의 건축회화 이미지들은 건축물 사이의 틈에 기생하듯 확장되거나 번져나가는 '에일리언' 의 이미지가 건축적으로 중요한 개념으로 등장한다. 그러나 한편, 무의식의 욕망과 실재계의 말할 수 없는 잔여물과 잉여가 환상으로 표출되는 경향도 명백하게 등장한다. 특히, 그는 여러 가지 정치적, 사회적 문제점 이면에 존재하면서 욕망의 충돌로 인해 만들어지는 외적 변수의 조건을 받아들이고 화해와 안정을 이루며 그 상태에서 조화와 상생을 이룰 수 있는 건축적 방안을 고민했다.

인종의 환상들이 만들어내는 무력충돌의 장이었던 보스니아 내전 역시 그의 중요한 이미지 실험하는 주제 중 하나였다. 보스니아 내전은 우연한 사건(라디오 방

81

81. 레베우스 우즈, 전쟁과 건축의 주제 이미지

송)이 시발이 되어 비극적인 사태로 확장된 것이다. 거기에는 인종적인 환상이 침해당한 것에 대한 과잉반응으로부터 시작된 것이다. 그것은 지젝이 이야기한대로 환상들 간의 충돌이 만들어내는 것들을 표출된 것이었다. 인종적 충돌은 주관적인 환상들이 충돌하는 것으로서 한 사회의 주류의 인종은 개별적인 환상들이 침입되는 것을 극도로 꺼리기 때문에 우즈는 그러한 상황을 풍자하거나 환상으로 제시하는 이미지를 선보인 것이다. 그는 완충지대로서의 표현과 환상을 통과하는 실천으로서 폭로의 작품을 제시한다. 20세기말의 비이성적인 종말의 시대라는 분위기와 함께 그는 인종의 환상이 만들어내는 파괴적 현실을 직시하는 이미지를 삽입하고 실재계의 잔여물이 전쟁으로 표출되어 나타나는 표현을 선보였다. 그는 파괴와 희망(재건)의 이원성이 아닌 파괴속의 희망이라는 '보충' 으로서의 개념을 제시했다. 실제로 그는 회화를 제시하면서 보충으로서의 개념으로 '건축은 전쟁이고 전쟁은 건축이다' 라는 구호를 내세웠다.52)

이와 관련하여 그가 내세운 성명문은 다음과 같이 표현하고 있다.

"전쟁과 건축은 서로 다른 내용이 아니다. 건축이 전쟁이다. 전쟁이 건축이다. 나는 나의 시대, 그 역사, 그 경직되고 불안에 떠는 모든 형태들 속에 들어 있는 권위를 짊어지고 전쟁에 나간다.

나는 단지 사회에 적응하지 못하는, 집을 갖지 못한, 가족도 없는, 이론도 없는, 내 것이라고는 할 만한 확실한 장소도 없는, 시작과 끝이라고 알려진 것을 갖지 못한, '신성하고 근원적인 장소' 도 소유하지 못한 그런 수십만 명 중의 한 사람이다. 나는 모든 우상과, 결정론과, 나를 부정하게 만드는 모든 역사와, 나의 자기연민적 두려움에 대하여 선전포고를 내린다.

내가 알고 있는 것은 오로지 순간과, 순간으로 파악되는 인생과, 무한정의 힘으로 나타났다가는 공기 중으로 녹아버리는 힘뿐이다.

나는 건축가다. 세계를 구축하는 사람이다. 육체를 숭배하는 관능주의자다.

음악이다. 어두워지는 하늘 위에 드려진 윤곽이다. 나는 당신의 이름을 알 수 없

52) 피터 노버, 건축의 종말, 미건사, 1995 p91

다. 당신도 나의 이름을 알 수 없다.
내일, 우리들은 함께 도시를 건설하기 시작한다."

여기서 우리는 가장 격렬한 갈등의 에너지가 충돌하여 발생하는 전쟁을 들어 그것들 이면에 존재하는 실재계의 잔여물들과 연계하여 새로운 건축적 시작을 만들고자 하는 레베우스 우즈의 의지의 표현을 확인할 수 있다.

그는 이렇게 에너지들이 크게 충돌하는 지점이라던가 위기지역, 혹은 정치에서 큰 이슈로 작용하는 위기가 내재된 지역에 건축적 이미지와 함께 시사적인 이미지를 삽입하는 방식을 이용한다. 또한 그는 사이의 틈으로부터 튀어나오는 듯한 건축적 이미지들을 중첩시킴으로써 실재계의 잔여물과 잉여가 새로운 방식으로 보충되는 느낌의 페이퍼 건축 드로잉을 선보여 왔다. 예를 들어 그의 작업은 무역제재를 통해 쿠바 아바나의 경제적 고립과 교역의 위기와 긴장관계가 존재하는 콘텍스트를 한복판에 자신의 독특한 건축이미지를 삽입하는 작품을 선보이는 식이다. 그는 이원론적으로 '파괴'와 '복원'의 이원론적인 욕망이 마치 상징계를 통과한 주체의 욕망처럼 끝내 욕망의 본질에 도달할 수 없다고 보았다. 그는 실재계의 욕망의 잔여물이 표현되는 것이 중요하다고 생각했다. 따라서 그는 파괴이전으로의 복원을 반대하고 비극의 기억을 말소하는 것이 중요하다고 보았다. 이를 위해 그는 삽입, 상처, 새조직을 제시하는 과정을 통해 기존 콘텍스트의 상처를 치유하는 방식을 제시한다. 그것은 정확하게 실재계의 잔존물과 잔여물들이 현실의 상징계속에 적절한 자리를 위치하게끔 함으로써 욕망이 드러날 수 있게 하는 방법론이다. 우즈의 건축물은 상징계의 현실

82

82. 전쟁과 건축

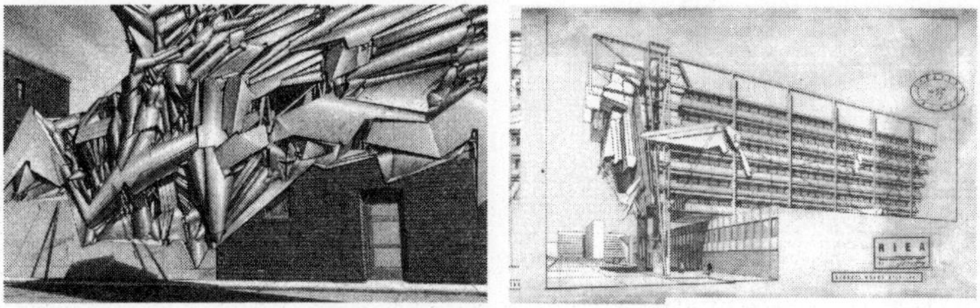

83

로 드러나 있는 건축물 사이의 틈에 기생하듯 끼워서 배치되며 기존 건축물과 화학적 반응을 일으킨다. 곧 그의 건축물은 화학적 봉합을 이루면서 새로운 콘텍스트가 생성된다. 전쟁이나 특이점이 생기는 상처로서의 장소는 새로운 방식의 구축방법론이 접목되면서 새로운 가능성과 글쓰기의 기입이 생성된다. 그것은 실재계의 잔존물과 잉여가 새로운 방식으로 상징계에서 보충되는 과정이다. 이 과정에서 상처가 흔적으로 남는데, 그는 그것이 역사가 되면서 동시에 치료의 증거와 기록으로 남게 되는 것으로 생각했다. 또한 치료의 증거와 기록으로 남는 것 자체가 역사 그 자체인 것이다. 이것은 앞서 유비에서 언급한 대타자가 도시C의 역사 그 자체가 실재계라고 이야기한 것과 유사하다.

후기 작업에서 우즈는 헤테라키heterarchy 개념을 제시했는데 그는 이 개념을 통해 하이어라키와는 반대의 개념을 창조했다. 그는 개인들의 역동적 네트워크와는 달리 혼돈속의 새로운 질서를 의미하는 개념을 만들었는데, 이 개념 역시 헤겔의 이원적인 개념이라기보다는 삼원론적으로 그 개념의 모순적인 내재적 특성이 상호보충을 이루는 것이며 실재계의 침입과 접목의 순간을 상징계 내에 드러내는 것이다. 그것은 모더니즘 건축의 한계와 문제점을 폭로하고 새로운 건축적 기입(삽입, 미래완료)을 통해 상처를 치유하면서 새로운 '치유의 딱지'를 형성하는 것이다. 그것이 곧 역사와 기록의 저장소가 되는 것을 생각하며 이것이 비로소 진정한 자유의 공간이 될 수 있다고 우즈는 생각한 것이다. 라캉이나 지젝 식으로 생

83. 헤테라키와 딱지 개념

각하면 그것이 바로 욕망이 자유롭게 발현되어 표현되는 공간이자 표현방법이다. 전쟁과 같이 어떠한 상처의 역사가 생기면 우리는 무언가 그 상처가 되는 것을 한 번에 말소시키고 그 장소에 새롭고 거대한 무언가를 순식간에 재건하는 것에 익숙하다. 그러나 그러한 행위 역시 전쟁과 마찬가지의 폭력적인 행위라고 그는 생각한 것이다. 새로운 무언가를 일시에 만들거나 기입하는 것 자체를 데리다 식으로 이야기하면 대리보충의 세계에 빠지는 것이며, 라캉 식으로 이야기하면 상징계라는 세상의 현실 속에 부족한 잉여물과 이면에 대량으로 잔존물이 존재하는 상징계는 또 다시 대단위로 형성시킨 것이라고 본 것이다. 그는 그것보다는 점진적인 발전으로서의 과정을 통해 아픔의 과정에서 존재하게 되는 잔여물과 잉여물이 환상으로서 표출되고 표현될 수 있는 점진적인 상처 치유의 과정을 제시하는 것이다. 건물의 치유과정으로 우즈가 내세운 '삽입', '딱지', '상처', '새 조직' 의 단계는 이처럼 치유라는 생물학적 은유로서 작용한다.

레베우스 우즈의 작품은 실제 지어지지는 않았지만 교육자이자 페이퍼 아키텍트로서 많은 건축인들에게 지대한 영향을 끼쳤다. 즉, 지어지지는 않았지만 실제 현실세계에 실재계의 잔여물이 현실화될 수 있는 암시로서의 방법론을 그가 계속해서 지면을 통해 제시해왔기 때문이다. 정치적 사건과 민감한 문제들이 충돌하는 지점에 자신의 작품을 삽입하는 방식으로 그는 실재계의 분출하고자 하는 목소리를 대변하는 작품을 선보여 왔는데 그것은 일정부분 화해와 안정을 위한 '치유'의 과정이다. 그것은 근대 이성이 의도적으로 배제하고 무시하려고 했던 폐해들을 있는 그대로 보여주면서 동시에 실재계의 잔여물들이 효과적으로 현실과 관계 맺으면서 드러나도록 도와주는 역할을 수행한다. 라캉 식으로 말하면 민감한 정치적 주제를 실재계의 대상a와 환유의 요소들과 연계시키는 작업을 통해 현실의 채워지지 않은 욕망을 보충해주는 '봉합' 의 작업인 것이다. 이를 통해 우즈의 작업은 불만의 에너지가 충만하고 실재계의 욕망이 꿈틀대는 상황을 적절하게 안정화하여 봉합할 수 있는 실험적 건축적 방법론으로서 가치가 있다.

1029 다니엘 리베스킨트의 건축표현 경향

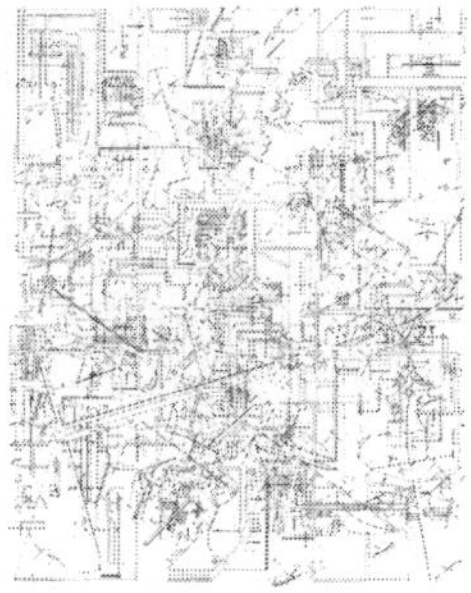

84

다니엘 리베스킨트 역시 실재계의 무의식과 욕망이 드러나고 연계되는 디자인 요소들이 중시되는 건축가이다. 학생시절의 작품들을 살펴보면 그의 관심이 무의식의 실재계를 드러내는 것에 지대한 관심이 있었다는 것을 알 수 있다. 리베스킨트의 Micromegas의 작품들을 살펴보면 마치 실재계의 욕망의 건축적 요소들이 소우주를 이루며 폭발하듯 현실의 상징계로 확장되어 나오고 있는 듯한 느낌이 들기에 충분하다. 쿠퍼유니온 재학 당시의 학생작업에서부터 독립한 이후의 작업에 이르기까지 일관되게 실재계와의 연계를 위해 작품 활동을 해왔던 그의 관심사를 확인할 수 있다.

베를린 유태인 박물관은 다니엘 리베스킨트의 대표작 중 하나이며 과거의 흔적, 음악적 음률, 추방된 사람들, 텍스트 등의 은유적 의미소통을 일으키는 환유적 은유의 낯설게 하기 기법 등을 통해 기억속의 욕망을 성공적으로 표현하고 있다. 그는 선이라는 부재를 새로운 물질성으로 해석, 건축의 부재object로 사용한다. 그것은 의미소통의 은유적 가능성을 드러내는 것이다. 그는 발터 벤야민의 베를린 묵시록에 나오는 별의 정거장들을 은유적으로 암시하는 건축구축 방법론을 사용하고 있다.

85

84. 리베스킨트, Micromegas
85. 리베스킨트, 베를린 유태인 박물관

초현실주의의 기법인 데페이즈망 효과와 유사하게 그는 상상계적 '낯설게 하기'에서 은유적 환유의 기법을 사용한다. 박물관은 매스를 따라 병치되어 연속된 60여개의 단면들을 통합한 지그재그 형태를 이루면서 18세기 건축물과 연계되어 있다. 관객들은 뮤지엄으로 쓰이는 18세기 건축물(콜레기엔하우스Collegienhaus) 의 입구를 통과하여 로비에 들어서면 의도적으로 진입하게 되어 있는 아래쪽으로 나 있는 계단을 통해 지하1층으로 인도된다. 거기에서 만나게 되는 천장을 따라 펼쳐지는 빛의 길이 교차하고 있으며 우연적 병치를(압축적, 왜곡된 별의 상징, 얽힌 삼각형의 형태적 시스템) 이루고 있는 지하공간을 지나도록 계획되어 있다. 이후 관객은 갑자기 지하1층에서 3층까지 틔워진 공간과 3층까지 일직선으로 연결되는 상승의 공간과 조우하게 된다. 그것은 마치 통과를 상징하는 문을 지나 상징계에서 실재계로 진입하여 무의식의 세계로 인도되는 것처럼 여겨진다. 의도적으로 상징계속의 현실공간에서 실재계의 무의식의 공간으로 이동하는 것이다. 그것은 라캉의 시지각 분절이론과 마찬가지로 주체와 객체의 대상이 상호 시각의 교차를 이루면서 마름모꼴의 이미지-스크린이 형성되는 환상의 가로지르기가 일어나는 순간이라고 볼 수 있다. 이 과정에서 공간내부 뚫린 틈을 통해 투과된 빛-음악적 음률 연출(빛을 음률로 연출-은유 작용)하는 공간을 올라가면서 보행자는 실재계의 억압되고 눌려있던 감정들이 드러나고 활동하고 있음을 느끼게 된다.

그것은 마치 피네간의 경야를 텍스트로 사용하여 작곡한 존 케이지 음악이 무의식의 영역을 자유롭게 현실에 드러나도록 하는 느낌을 준다. 존 케이지의 불확정성 음악은 피네간의 경야를 텍스트를 삼아 불확정성의 음악을 작곡했다. 그는 결정성 음악의 기보체계를 파괴하고 기보체계를 붕괴시키고 음가의 부재, 우연성과 즉흥성, 비결정적인 특성을 보인다. 그가 선보인 도형악보는, 점, 선, 그리드, 곡선, 중첩 교차를 통해 음악을 표현했다. 구성어휘로는 우연적, 무작위적, 불확정적, 가변적, 유희적, 행위적, 침묵적인 특성이 드러난다. 마찬가지로 리베스킨트의 상승공간은 슬릿 창으로 들어오는 빛과 함께 비장한 음악의 한가운데를 걸어

86

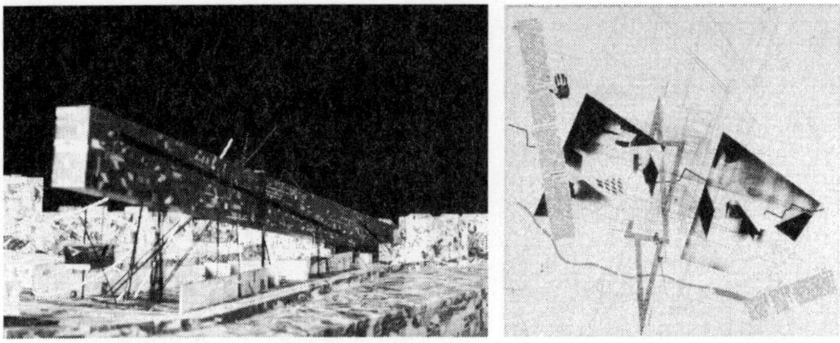

가는 느낌을 받게 된다. 이처럼 유태인 박물관은 드로잉의 욕망의 무의식이 자체의 방법론을 통해 현실세계인 상징계에 드러나면서 실재화가 이루어지도록 계획되어 있다.

다니엘 리베스킨트는 1987년 IBA 현상설계에서 실험적인 베를린 도시경계Berlin city edge라는 작품으로 당선된 이후 지속적으로 독일현상설계에 참여하여 좋은 성적을 거두었다. 1989년 유태인 박물관 작업을 당선시키고 독일 통일 이후, 독일 여러 지역에서 벌어진 설계경기에 참여하여 다수의 당선작과 우수작을 만들며 세계적으로 건축계에서 주목받았다.

그는 1989년 베를린 박물관 계획을 필두로 하여 90년대 초반~중반까지 뮤지콘 브레멘 콘서트 홀(당선), 펠릭스 누스바움 박물관(당선), 리히터펠데 비저블 시티군도, 베를린 란쯔베르거 거리 및 리슈트라쎄 도시설계(당선), 작센하우젠의 오라니엔부르크(특별상), 베를린 알렉산더 광장(2등), 포츠담광장(당선) 등에 이르기까지 현상설계에서 당선 혹은 2등의 상을 획득했다.
그의 건축 방법론은 과거의 아픈 기억과 역사의 심리적 심상과 콘텍스트의 의미를 끄집어내어 치유하고자 하는데 효과적인 것으로 인정받았다.

작센하우센 강제수용소 재생계획에서 리베스킨트는 20세기의 정치, 문화 정신적

86. 리베스킨트 독일 도시 설계경기 작품

문제로 인해 벌어졌던 비극의 운명들을 연결시키려고 하며 이를 통해 애도하고 기억을 유지, 보존하는 동시에 희망적인 미래의 새로운 가능성과 새로운 활동, 새로운 이미지를 창출하고자 했다. 과거의 기억과 추모와 함께 미래의 새로운 희망까지도 함께 제시하고자 하는 것이다.

피터 쿡은 리베스킨트 성좌라는 글에서 그에 대해 다음과 같이 논평하고 있다.
"각각의 촉매는 변화하는 몇몇 다른 양식들의 기저 위에서 활동한다. 그리고 건축 활동은 그 촉매들 내부의 다양한 영역에서 존재할 지도 모른다. 리베스킨트 자신은 그러한 촉매들의 '중첩' 을 시사한다."
또 그는 다음과 같이 이야기한다.
"도시의 본질과 그 건축으로의 항해는 우주적인 희망의 축에서 나온 임의의 점. 불연속적인 선과 이름의 재조정을 수반한다. 매우 얇은 종이(도면, 성서, 지도, 전화번호부, 지폐 등)는 파괴할 수 없는 중핵 주위에서 쉽게 갈라지고 구겨지며 접힌다. 그 다음에 전체 구조물은 마치 누더기가 된 종이처럼 물 위에서 뜰 수 있다. 마지막으로 어떤 매개체 없이 그 물 자체가 우리의 마음에 부착될 수 있다. 이런 불균형 공간(자유는 이 공간을 영원히 일탈하며, 귀향하지 않고 이 공간을 향해 운동한다)은 건축이 결국 하나의 시초로서 자신을 나타내기 시작하는 공간을 구성한다.

87

이 단어의 의미에 수반되는 주요 특징은 지면으로부터 대각선으로 솟아오르는 거대한 건물군일 것이다. 지금 아틱 플라워는 그 건물군 내에 모여 있다. 벽과 회랑은 회전 요소와 식별 가능한 건물 부분으로 되어 있다. 그 위력은

87. 리베스킨트 독일 도시 설계경기 작품

엄청나다. 이 엄청난 건물요소의 에너지는 내부 파열을 유도할 정도이다."

이러한 평가가 잘 어울리게 그의 작업은 다양한 기억들이 교차하고 다원적인 요소들이 흔적으로부터 부상하여 주변의 것들과 연계되는 형상과 공간과 연결을 이루고 있다. 리베스킨트는 이러한 구성에 대해 다음과 같이 언급한다. "나는 베를린의 물리적 흔적이 유일한 흔적이 아니고, 그 보다는 보이지 않는 기반 혹은 관계의 연결을 상기시키는 것이 있다고 느꼈다. . . 그 프로젝트의 네 번째 양상은 발터 벤야민의 '일방통행로' 에 의해 형성된 것이다. 이러한 양상은 구불구불한 베를린을 따라 있는 60개 구역의 연속성에 반영되어 있는데, 각각의 구역은 발터 벤야민의 텍스트에 묘사되어 있는 '별의 정거장' 을 나타낸다. 즉, 베를린을 휘감아 돌고 있는 공허함 주위에 박물관을 건립한다는 것이 내 생각이다. 물리적으로 베를린에서 유대인들의 존재를 말해주는 것은 거의 없다. 나는 베를린의 현대문화를 관통하고 있는 이 공허함이 가시화되고 접근할 수 있어야 한다고 생각했다. 이 공허함이야말로 베를린 지역에서 구체화된 구조적 특징으로 나타나야 한다."
라고 언급한다.

특히 이러한 효과를 강화시키기 위해 건축적 방법론에 있어서 리베스킨트는 베를린 포츠담 광장의 설계안의 경우와 같이 설계를 이끌어나가는 키워드는 네 가지를 중요하게 제시했으며 그 내용은 다음과 같다.

1) 천사들을 묶어놓았던 과거

"비록 프란츠 카프카나 발터 벤야민, 프리모 레비, 오십 만델스탐, 폴 시랭 등과 같은 추방된 다른 천사장들이 여전히 남아있기는 하지만, 이 프로젝트는 실존하지 않는 천사의 왜곡된 실체를 찾는 작업이다."
라고 언급한다.

88

88. 베를린 도시계획 설계경기 계획안

2) 비전 제시

퍼즐과 같은 사이트의 개념은 상징적인 기억의 파편에서 유래된 것으로 9가지의 관점으로 기록되어 있다. 가속화된 시간적인 관점은 결국에는 바로 그 관점이라는 개념 자체를 없애버릴 하나의 계기로 발전한다. 퍼즐 같은 사이트는 사실 무력과 갇힌 마음의 제약을 넘어서 미래로의 비전을 제시하는 도시, 즉 '10번째 문' 으로 들어가는 입구와도 같다.

3) 장소에 시간 모자이크하기

자본 및 공적 책임감과 이데올로기의 종말 사이의 관계변화로 미루어 볼 때 이들 분류기준은 더 이상 적합한 것이 아니다.

포츠담 광장은 문자 그대로 시간을 초월한 공간으로 재건되어야 한다.

베를린을 베를린의 역사와 연결시키고 그것을 뛰어 넘을 필요가 있다. 이러한 연결은 옛 것과 새것, 정신과 물질, 가득한 것과 텅빈 것, '더 이상 아무것도 아닌 것' 과 '아직은 아닌 것' 사이의 연결을 통해 가능하다.

새롭게 조명된 뮤즈 매트릭스,

(9+1)×(뮤즈)라인은 다양한 용도와 기능을 가진 프로그램을 내포한다. 이러한 구조는 주택, 생산 기능, 문화 및 레저 기능 등 다양한 기능을 포함하며 거리의 위에, 혹은 아래에 세워진 빌딩을 만들어 낸다.

4) 볼 수 있고 볼 수 없는 도시 만들기

포츠담 광장은 동양과 서양, 중심과 저변 사이의 반목이 극복되는 곳이다. 사실 이 곳은 이러한 반목과 갈등이 싹트고 자라 결국에는 종말을 고한 곳이기도 하다. 새로운 기초를 놓고 새로운 이미지를 만들어 나감으로써 새로운 역동성의 시대를 여는 것에서 해결책을 찾을 수 있을 것이다.

유태인 철학자 벤야민의 일방통행로 사례가 주요하게 지속적으로 쓰이고 있는 것과 같이 그의 작업은 다양한 힘과 이미지, 외적 변수로부터 촉발되는 것들이 다양하게 교차하면서 기억과 아픔이 한공간과 시간 속에 용해되어 드러나도록 하여 아픈 옛 기억을 치유하고 추모하면서 새로운 미래로 나아가게 하는데 효과적인 방법론을 실험한 건축가로 계속해서 언급되며 사유될 것이다.

1030 렘 콜하스의 욕망의 건축표현

렘 콜하스는 현대 도시의 욕망을 긍정적이든 부정적이든 일단 현실 그대로의 조건으로 인정한다. 그는 심지어 도시의 악덕의 요소까지도 자신의 거대화bigness된 건축물 속에 하나의 프로그램으로 인정하고 포용한다. 대타자의 욕망이 투사되어 구축되는 도시는 욕망이 상징계속에 들어오면서 걸러지는 잔여물이 실재계에 남아 계속해서 현실의 상징계로 진입하고자 시도하고 침범하는 차원을 이면에 포함하고 있다. 세계의 다양한 인종들이 모여들면서 인류의 원초적인 욕망이 발현되어 동시에 창조성이 자유롭게 실현되면서 경제적 부가 집중되는 뉴욕은 그 규모와 화려함만큼 인류의 욕망이 다채롭게 축적된 도시이다.

그의 대표적인 저서 『광기의 뉴욕(Delirious New York)』에 삽입된 렘 콜하스의 부인인 마들롱의 상징적인 작품들이 삽입되어 있다. 유폐된 지구도시 'City of the Captive Globe(1972)' 를 살펴보면 뉴욕 유명 빌딩이 홍미롭게 변형된 이미지들을 만날 수 있다. 그는 이 작품에서 뉴욕의 직사각형 블록의 필지에 뉴욕에서 유명한

89

89. 렘 콜하스 광기의 뉴욕과 City of the Captive Globe(1972)

90

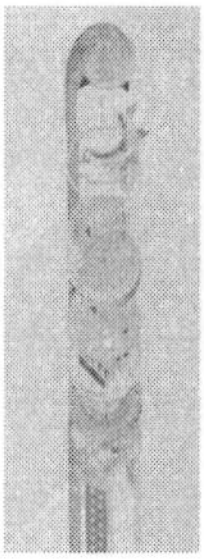

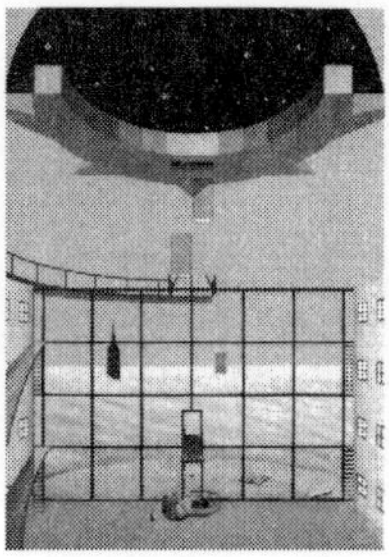

마천루들을 변형하여 배치해놓았다. 일부 이미지는 마천루 이미지에서 용해되어 어떤 이미지인지 알 수 없을 정도로 뭉개져 있다. 그것은 마치 7권에서 살펴보았던 베이컨의 삼면화를 떠올리게 한다. 동성애인 조지 다이어와의 사이에서 나타나는 욕망의 덩어리들이 뭉쳐서 하나로 뭉개지며 비정형을 이루고 있는 듯한 욕망의 흐름을 보이고 있는 것이다. 뉴욕의 대표적인 마천루는 인간의 욕망이 투사되어 있는 상징성을 갖는다. 뉴욕의 직사각형 블록에서 형체를 알 수 없는 듯이 액체와 같이 녹아내린 매스들은 욕망이 건축물을 구체화시키는 것을 상징한다.

스핑크스 호텔의 경우 록펠러 센터를 변형하여 매스를 구성하는데 각 매스는 여러 방향에서 쉽게 진입할 수 있도록 변형되고 상부의 타워는 가학적 성도착증의 가죽장비와 남성의 성기를 연상시키는 요소들로 표현되어 있다. 거기에 상부의 이미지들은 다운타운 운동클럽의 프로그램들이 적층되어 있는 듯한 것을 연상시키게 하는 상부요소들로 배치되어 있다. 다운타운 운동클럽은 다양한 수직적인 프로그램을 통해 인간의 욕망의 발현과 실현을 수직적 프로그램으로 성취시킬 수 있는 이야기로 구성했다. 다운타운 운동클럽에서 건장한 남성들은 벌거벗고 운동을 하고 권투 글러브를 낀 채로 굴을 까먹는다. 이후 수영장에서 수영을 하고 그곳에서 만난 여인과 최상층부의 레스토랑에 가서 식사를 한 후 바로 밑층 레벨에 위치한 호텔에 함께 투숙한다는 프로그램의 순서를 설정한 것이다.

90. 호텔 스핑크스 계획안

91

실제로 다운타운 운동클럽의 프로그램은 그렇게 설정이 되어 있었고 렘 콜하스는 저서 『광기의 뉴욕』에서 당시의 욕망의 발현이 프로그램적으로 투사된 것이라고 분석한다. 운동을 하고 난 남성과 아름다운 여성이 만나는 장소인 수영장은 초현실적인 분위기의 장소이며 스핑크스 호텔에서는 무언가 사도-마조히즘(SM)의 가학적인 분위기를 연상케 하는 장식물들과 남성의 성기를 연상케 하는 매스로 변형되어 뉴욕의 중심적인 이미지로 각인되어 있는 록펠러 센터가 실제로는 실재계의 욕망이 그러한 방식으로 드러날 수 있도록 표현한 것으로 볼 수 있다.

다이어그램을 통해 요소들과의 관계 속에서 욕망의 발현이 효과적으로 이루어질 수 있도록 많은 신경을 쓴다. 그가 사용했던 잠재적 힘들의 관계를 파악하고 창조적으로 프로그램화 하며 분기되어 차이를 만드는 다이어그램의 방법론을 사용하고 있으며 오늘날 그의 사무소를 거쳐 간 많은 신진 건축가들에게 활발하게 사용되고 있다.

비선형의 공간과 연결동선이 연속되고, 비결정과 우연성의 불확정성과 혼돈의 복합체를 보여준다. 그것은 열린 배치를 통해 욕망이 분기되며 구체화되는 것이다. 접힘과 펼쳐짐의 요소들이 나타나는 것은 바로크적 욕망의 펼쳐짐을 느끼기에 충분하다. 구조 및 주변 콘텍스트에 순응하면서도 동시에 다양한 욕망의 요소들이 구조를 넘나들며 펼쳐지는 것은 그러한 특성을 보이는 것이다.

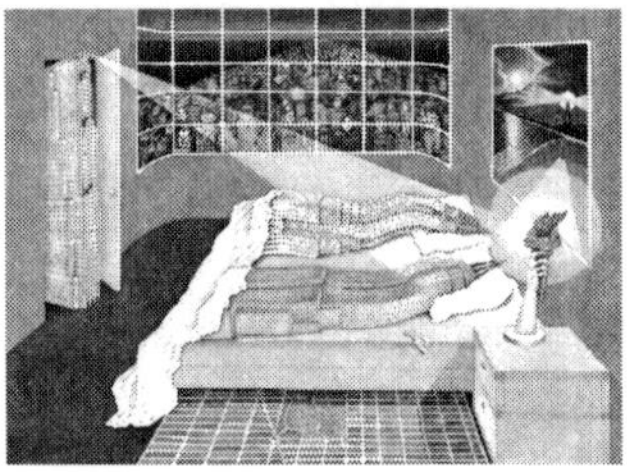

92

91. 다운타운 운동클럽, 욕망의 프로그램의 배치
92. 마들롱 프리젠도르프, Flagrant Delit

저서 『광기의 뉴욕』에서 욕망과 관련하여 빼놓을 수 없는 요소가 바로 초현실적인 분위기의 표지와 삽화를 그린 콜하스의 부인인 마들롱의 회화들이다. 마들롱 프리센도르프는 1970년대 OMA의 공동설립자였다. 그녀는 렘 콜하스의 명저 『광기의 뉴욕Delirious New York』의 표지 및 삽화(Flagrant Delit)로 유명해졌다. 그녀의 회화는 광기의 욕망이 내포되어 있는 뉴욕의 이미지를 상징화하여 잘 표현했다. 그녀의 가장 큰 예술작업은 헤이그의 댄싱 시어터 타워에 그려진 디자인 회화이다. 2008년 AA에서 그녀의 회고전을 시작하여 베니스 건축비엔날레, 바젤 미술관 등을 순회 전시했다.

콜하스와 함께 뉴욕으로 이주 후 그녀는 당시 맨해튼을 상징하는 유명 건물과 초현실적인 주제로 상상을 불러일으키는 여러 스케치와 드로잉 그리고 회화를 그렸다. 제일 유명한 저서 『광기의 뉴욕』의 표지디자인이기도 한 작품 'Flagrant Delit' 는 이러한 작업의 정점에 있는 작품이다. 이 작품은 크라이슬러 빌딩과 엠파이어스테이트 빌딩이 함께 침대에 누워있고 록펠러 빌딩이 불륜장면을 발각한 장면과 함께 자유의 여신상 및 여러 뉴욕의 빌딩들이 그 장면을 주시하고 있는 초현실적인 기괴함과 낯설음을 느끼게 하는 것이었다. 그것은 과대망상의 뉴욕의 삶과 꿈을 상징하는 것이었다.

의인화되어 부정형으로 휘어지는 두 빌딩은 침대에서 서로를 탐닉하며 애무를 하고 있는데 그림은 밀레의 만종 연작과 달리의 초현실주의 회화인 paranoid에서 영감을 받아 모티브를 빌려왔다. 편집증은 망상의 논리를 구축하며 자신의 세계를 구축하는 것인데, 달리는 그러한 편집증적인 세계관을 작품으로 표현했다. 달리는 경건한 만종의 분위기에서 오히려 성적인 코드를 발견했다고 주장한다. 모자를 든 남자를 발기한 남자의 성기로 받아들이거나 수레에 놓인 부대는 남녀가 애무하고 있는 장면을 연상시키게 한다고 주장한다. 렘 콜하스는 마찬가지로 달리의 초현실주의 회화에서 영감을 받아 맨하탄의 초고층 빌딩들이 구축된 것으로 보았다. 그는 경건한 황혼이 배경인 만종의 분위기와는 달리 마들롱의 두 빌딩은 황혼에 이르러 섹스를 준비하는 장면을 묘사하는데 회화는 유사하지만 다른 초현실적인 분위기를 자아내고 있다. 찰스 젱크스는 그녀가 광기의 뉴욕의 내러티브에 상징적 힘을 주는 악기와 같은 역할을 했다고 강조한다. 그녀의 회화는 확실하게 욕망과 파괴의 비전을 보이고 있다.

그녀의 작업은 인류의 다양한 인종이 모여 인류의 꿈을 현실화시켜왔던 도시인 뉴욕의 욕망과 노출증 및 관음의 욕망을 특유의 상징적인 마천루를 의인화시켜 성적 행위와 관련된 장면의 이야기를 표현한 회화를 선보임으로써 강렬한 인상을 남겼다. 결과적으로 그것은 욕망의 도시인 뉴욕을 표현하는데 있어서 가장 적합한 방식의 매체였던 것이다.

환상은 욕망을 일시적으로 충족시켜 긴장을 이완시켜 자아를 유지하고 방어하는 측면이 존재한다. 콜하스는 이러한 환상을 인류역사에 있어서 기념비적인 뉴욕의 건축과 도시발전이 기계의 발전과 초고층 건축물의 프로그램의 발전에 있음을 고찰했다. 보드리야르가 주장했듯이, 디즈니랜드가 존재하는 것은 현실이 디즈니랜드보다 더욱 디즈니랜드와 같음을 숨기기 위해 존재한다고 했다. 테마파크는 현실이 억압적이고 권력적 구도에 종속되어 있다는 사실, 그리고 그러한 현실에서 나타나는 긴장을 적절한 환상을 통해 이완시키는 작용을 하는 것이다.

93

93. 20C초 코니아일랜드, 욕망의 뉴욕의 전조증상

유사하면서도 다른 시각으로 콜하스는 뉴욕을 대표하는 유서 깊은 놀이동산인 코니아일랜드가 환상, 성적 쾌락, 욕망을 만족시키는 기계장치로 표현되어 있었으며 맨해튼의 전신(어린 맨해튼)이라고 지칭한다. 그러한 테마파크에서의 욕망이 현시되는 상황은 현실에서 다른 방식으로 나타났다. 그러한 환상, 성적 쾌락, 욕망이 초고층의 수직적층으로 확장되면서 프로그램이 욕망의 흐름에 따라 배치되었다고 주장한다. 다운타운 운동클럽은 이에 대한 증거이다. 당시 전 세계로부터 유입된 이주민으로 구성된 뉴욕의 시민들은 코니아일랜드에 놀러와서 잠시 현실의 고단함을 잊고 현실에서 억압된 욕망과 환상을 다양한 프로그램과 이국적 장소성에서 일시적으로 채웠고 그것은 이후 20세기 일상에서 뉴욕이라는 초고층 도시주거와 사무공간의 욕망을 구축했다. 또한 코니아일랜드에는 성적 환상을 채워주는 기계적 장치들과 이국적인 도시들의 무대장치들이 장소적 환상을 채워주었다. 20세기 초 뉴욕 맨해튼에서는 이러한 기계적, 프로그램적, 장소적 환상을 다운타운 운동클럽에서 보이는 자동기술법적인 욕망의 배치가 이루어지는 프로그램, 라디오 시티의 인공적인 풍경의 환상 등으로 현실화된다. 초현실적 환상은 현실에서 이러한 분위기와 건축적 구축과 공간구조로 현실화된 것이다. 초현실주의에서의 자동기술법의 기법은 뉴욕의 건축에 있어서 수직으로 무한 확장되면서 욕망을 만족시켜주는 이질적이고 다원적인 프로그램, 때로는 성적 욕망까지도 완벽하게 채워주는 프로그램들로 채워지면서 확장된다는 것이다. 그것은 욕망의 흐름에 따라 자유롭게 욕망을 자동 기술하는 건축적 표현법 혹은 구축법이라고 할 수 있을 것이다.

콜하스는 욕망의 발현을 건물이 수평, 수직적으로 거대화되면서 다양한 프로그램이 집적되고 인간의 욕망이 한 건물에서 다양하게 만족될 수 있도록 계획된 시설들의 계보를 탐구했다. 하부의 대중교통 및 자동차 동선과 연계되고 상부로 이어지면서 다양한 프로그램들이 거대한 공용공간을 중심으로 하여 이어지면서 이야기 구성을 만들어나가는 과정은 욕망이 실현되는 과정으로 생각한다. 거대화된 매스 속에서 상승의 동선을 이동해나가면서 프로그램적으로 욕망을 실현해나가는 이야기의 다원적인 구성이 단순한 형태의 유희를 초월하여 프로그램적인 차원에서 실재계의 잔여물을 드러나도록 한다는 점에서 콜하스의 특이성은 그 특유의 정체성을 획득했다. 오늘날 그의 건축은 다원적인 요소들을 품으면서 거대한 복합체가 되고 요소들이 비선형의 열린 구조로 새로운 의미를 생성할 수 있는 신자유주의의 욕망을 적극적으로 수용하며 후기자본주의 사회의 욕망을 동시대적 건축으로 성공적으로 제시해왔다는 점에서 가장 주목해야할 건축가일 것이다.

1031 필립 스탁의 디자인 표현경향

필립 스탁은 초현실주의적인 오브제를 자유자재로 사용하는 건축가이자 실내디자이너로서 명성을 얻었다. 필립 스탁은 1949년 파리출생의 프랑스 디자이너로 1969년 에콜 니심드 카몽도에서 수학하던 중 더 이상 공부할 것이 없다고 생각하고 중퇴하여 독학으로 공부하면서 자신의 회사를 설립했다. 그는 1970년대 중반 파리 몽트뢰유(Montreuil)의 라 맹 블루(La Main Bleu)나이트 클럽과 레 뱅 두슈(Les Bains Douches) 나이트클럽의 실내 디자인을 수행하면서 유명세를 얻기 시작했다. 80년대 초에는 스탁 프로덕트(Starck Product)를 설립하면서 자신의 상품을 디자인했으며 미테랑 대통령의 엘리제 궁의 개인 사저 안에 실내 디자인을 수행하면서 국제적인 명성을 얻게 된다. 그는 고급스러우면서도 유머가 있는 초현실적인 실내디자인으로 유명해졌으며 단순히 실내디자인을 넘어 가구, 생활소품, 생활전반의 산업디자인으로 확장하여 자신의 역량을 펼치기 시작했다. 소품디자인 제품으로 레몬을 짜는 주시 살리프(Juicy Salif)는 그의 대표작이며 20세기 후반 디자인의 상징이 되었다. 그는 크롬도금의 소뿔 이미지 등의 요소들을 즐겨 사용했다. 디자인 쿠션 의자 리처드 3세(1984)는 특유의 유머와 뛰어난 상상력과 함께 내면의

94

94. Juicy Salif

심리를 꿰뚫는 예리함과 사물에 대한 기발한 해석으로 디자인에 대한 우아함, 유머, 품격을 부여된 디자인이다. 특히 그의 아사히 비어의 크림 모양의 디자인은 건축 및 실내디자인 분야에서 센세이션을 일으켰다.

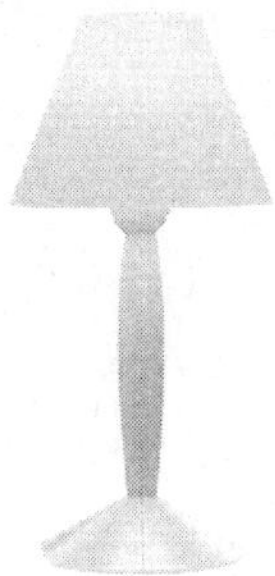
95

그는 자신의 디자인 개념으로 비디자인, 비제품, 비소비자 등, 접두어 비(non)의 키워드를 즐겨 사용한다. '비디자인non-design' 은 디자이너가 일종의 집단의 기억 뒤로 사라져버리는 디자인을 말한다. 그가 디자인한 유명한 미스 사씨(Miss Sissi) 램프를 그는 자신이 디자인 한 것이 아니라 집단의 기억이 디자인 한 것으로 언급한다. 라캉 식으로 표현하자면 "인간의 욕망은 대타자의 욕망이다.", 혹은 '문체는 그 사람 자신이다.' 라고 언급했듯이 디자인 자체가 대타자의 디자인으로부터 나온 것이며 대타자인 디자인 D의 욕망이 드러난 디자인이라고 달리 이야기 할 수 있을 것이다.

또한 그는 '비제품' 의 개념을 다음과 같이 언급하고 있다.
"내가 이 칫솔을 만든 것은 이것이 기본적인 비제품nonproduct이기 때문이다. 누구에게나 하나씩은 필요하면서도 하나같이 똑같다. 그렇지만 나는 이런 생각을 해보았다. 만약, 아침에 눈을 떴을 때 선반 위에서 뭔가 밝고 명랑한 것이 나를 기다리고 있다면, 날마다 여름날의 풍경으로 난 욕실 창문을 여는 듯한 기분이 들지 않을까." 53)
그의 언급에서 일상에서 사용하는 기능적인 제품이면서 동시에 실재계의 목소리가 스며 나온 듯한 제품을 디자인하고자 하는 그의 생각을 엿볼 수 있다.

비디자인, 비제품, 비소비자와 관련하여 자연스럽게 떠올려지는 철학자 들뢰즈는 '비의미' 에 대해서 언급한다. 그것은 무의미와는 다른 것이다. 의미 자체가 없는 것이 무의미 이고 비의미는 의미를 형성하는 다른 차원에 잠재하여 눈에는 보이

95. Miss Sissi 램프

53) 필립 스탁, p11

지 않는 것이다. 그래서 의미가 없는 것처럼 보이지만 존재하지 않는 것이 아니라 존재하지만 눈에 보이지 않는 차원, 즉 시뮬라크르의 상태로 존재하며 의미로 현실화 되는 것을 기다리고 있는 상태임을 의미한다. 스탁의 경우에 단어의 선택에서 이러한 들뢰즈 개념에 영향을 받았음을 알 수 있다. 비디자인 등의 비(非: non)의 접두어를 사용하는 것은 잠재되어 존재하는 집단 무의식의 디자인을 수행하여 현실화시키는 것으로 생각할 수 있다. 그것은 실재계의 욕망의 잔여물이 현실세계의 상징계에 기입될 수 있도록 하는 것이다. 라캉 식으로 생각하면 그의 디자인은 실재계의 대상a와 환상이 상징계의 기능적, 경제적 필요성과 맞닿아 있으면서 무의식의 욕망이 일상에서 조우할 수 있는 디자인을 추구하는 것이다. 디자이너의 기본 덕목인 기능성, 경제성을 다루는 그의 태도는 철두철미하다. 그는 정신분석학적인 의미에서 만물의 경제를 언급하며 디자인의 경제성을 강조한다. 경제성은 바로 기능성과 연계된다. 그는 구현하기 어렵지만 최소한의 의미를 가지고 그 의무를 다하는 오브제가 되는 제품을 추구한다고 언급한다. 오히려 장식은 무언가를 감추는 법이라고 생각하는 것이다.

그는 무의식적인 차원을 접목하는 프랑스 좌파 사유에 영향을 받았다. 그의 초기 디자인에서부터 비소비자의 개념에 이르기까지 그의 정치적 입장은 후기구조주의 철학자들의 시대정신과 맞닿아 있다. 그는 "나는 부자를 위해 2억 달러짜리 요트도 디자인하지만, 가난한 사람도 살 수 있는 2달러짜리 우유병도 디자인한다." 라고 언급할 정도로 정치적 관점에서도 그의 디자인의 관심이 표출되고 있다. 그는 1981년 레뱅 두슈 클럽 디자인으로 유명세를 타기 시작했는데, 그는 사회주의 리얼리즘과 펑크적인 요소를 가미한 댄스 플로어를 디자인했고 이것은 좌파 신문인 리베라시옹Libération 의 기사에 실릴 정도의 센세이션을 일으켰다. 그는 거대한 붉은 기들과 합성된 눈으로 장식된 바닥을 계획했고 러시아 언어로 인쇄된 메뉴판 소비에트 영화 포스터 등으로 벽면을 디자인 했다. 그는 붉은 깃발과 붉은 벨벳을 즐겨 사용했으며 파시즘을 혐오하지만 파시즘 건축을 사랑하는 역설적이고 모순적인 상황, 소비에트보다 더욱 소비에트적인 마호가니와 벨벳의 조합으로 이루어진 무대세트를 추구했다. 라 맹 블뢰 클럽에서 스탁을 인터뷰한 기사를 실었는데 그 때 그를 인터뷰했던 사람이 바로 그 클럽 회원이자 패션디자이너인 장 폴 고티에jean paul gaultier였다. 고티에는 패션계의 가장 전위적인 디자이너로 영국 펑크룩punk look에 프랑스적인 고상함을 가미시킨 디자이너이다. 스탁 디자인론을 쓴 콘웨이 로이드 모건은 '스탁이 디자인 속에 담으려했던 것은 그 무렵 허무주의자들의 광란이었을 것이다. 지속되는 냉전 속에 우파 정부 밑에서 이루어진 경제번영은 일정정도 무관심한 퇴폐성으로 이어졌다.' 54) 고 언급한다.

좌파적 이념을 가지고 스탁은 이후 비소비자라는 개념을 만들어 디자인과 사회운동을 함께 시작했다. 현대의 소비중심생활에서 구매력이 떨어지는 중산층 이하의 서민들, 그럼에도 생활필수품을 구매해야 하는 서민층을 스탁은 '비소비자' 라고 보았고 이들에게 비제품의 접근성을 향상시킬 수 있는 디자인적인 방향을 제시하고자 했다. 그것은 디자이너로서 자신의 활동을 정치화하려는 시도로 볼 수 있다. 또한 소비중심의 사회에 저항하는 사람들이 선호하는 제품의 시장이 있음을 간파하고 자신의 철학과 함께 그 시장을 파고드는 전략을 채택했다.

스탁은 1998년 다음과 같이 언급했다. 그는 "지난 2년, 아니 2년 반 사이에 나온 내 모든 작품은 하나의 정치운동을 탄생시키기 위한 것이었다. 무슨 정당 같은 것이 아니라 디자이너로서의 내 기술과 지식을 사용해 특정 사회집단 비소비자들에게 다가가기 위한 것이다. 그들은 사회의 반대자들로, 사회를 의심한다. 내가 하려는 일은 그들을 깨우고 그들 자신의 무의식적 위치를 자각하게 만들고, 자기 자신과 서로를 알아보게끔 도구를 주는 것이다. 그래서 그들이 서로 하나가 되고 그들의 견해가 영향력을 가질 수 있도록 하는 것이다. 오늘날의 비소비자들은 신좌파가 될 잠재력이 있다. 녹색당이나 환경론자들도 그것을 가지고 있었지만 잃어버렸다. 그리고 환경론자들은 본질적으로는 보수주의자였던 경우가 너무도 많

54) 콘웨이 로이드 모건, 오숙은 역, 스탁 - 스타일의 전복자, 필립 스탁, 미메시스, 2006, p.

다. 의식화된 비소비자는 활동적인 반역자, 더 이상 수동적이지 않은 사람, 관객이기를 거부한 배우이다. 내 입장에서 이것은 공격적인 위치, 반작용을 일으키도록 만들어진 것이다. 세상에는 진보에 반대하는 사람도 있고 사회의 바깥에 선 사람들도 있다. 아무래도 좋다. 그건 그들의 선택이니까. 그러나 나의 선택은 행동하는 것이다. 우리는 변화하는 사회 속의 변종들이다. 현재의 상황에 맞는 해법을 찾는 것은 하나의 도전이자 의무이다."[55] 라고 주장한다. 이처럼 스탁은 고급스러워 보이지만 경제적이고 흥미로운 디자인을 제시하며 서민들까지도 생각하는 디자인과 정치적 입장을 추구해온 스탁의 주요작품경향과 욕망을 드러내는 방법론에 대해서 살펴볼 것이다.

80년대 초에 스탁은 미테랑 대통령의 엘리제궁의 개인 사저 안에 실내 디자인을 수행하면서 국제적인 명성을 얻게 되었다. 그는 개인사저에 두 개의 수평으로 나뉜 공간을 의식과 무의식의 공간으로 구분하여 디자인했다. 다소 건조해 보이는 회색의 벽으로 단순하게 표현된 의식의 방과는 대비되게 무의식의 방에는 가루스트의 프레스코화가 장식된 벽에 꿈으로 향하고 있는 창문을 디자인했다. 무광의 강철판과 고정클립으로 구성된 책장을 삽입했다.

그는 뿔 모양의 다리가 세 개 있는 의자와 크롬도금의 강철 프레임에 유리판을 얹은 탁자를 배치하여 독특한 느낌을 자아내게 했다. 당시 스탁은 "앞모습은 완전히 부르주아지만 일단 의자를 돌려보면 공허하다. 나는 그런 위선적인 느낌이 좋다." 고 말했다.[56]

96

96. President M Table 와 Ara Ramp

55) 같은 책, p119
56) 같은 책, p49

스탁은 조각가 브랑쿠시의 영향을 받아 작업을 진행했으며 근원적인 형태, 혹은 의식을 집단무의식의 세계로 진입할 수 있도록 하기 위해서는 디자인이 단순하고 추상적이어야 함을 인식하고 있었다. 단순하다는 것은 경제적이고 기능적인 것을 중시하는 그의 디자인관과 일치한다. 동시에 그가 디자인하는 오브제는 집단무의식으로 이끌 수 있어야 한다. 그는 이를 위해 무언가 날카롭게 긴장감을 고조시키고 동시에 유려한 곡선의 형태를 지닌 뿔과 같은 오브제를 선호한다. 균형과 힘을 느끼게 하는 오브제는 선사시대로부터 이어져 오는 원초적인 뿔 달린 짐승을 사냥하면서 느꼈을 위험과 생존본능 수렵의 이미지를 본능적으로 일깨운다. 위협적인 뿔과 유사한 곡선의 오브제를 스탁은 스타크리starck rie라고 명명한다. 그는 그것을 크롬으로 도금하여 가구나 오브제의 주요한 모티브로 사용한다. 그의 디자인에서는 이렇게 무의식을 자극하는 유선형의 날카롭지만 동시에 유려한 곡선을 지닌 오브제가 계속해서 등장한다. 1981년 제작된 프레지던트 M 탁자의 뿔 같은 다리나, 1988년의 아라 램프(Ara table lamp)에서처럼 동물의 뿔 모양을 하고 있다. 1987년 라귀올 공장 지붕 위에서 이것은 칼날이자 돛이 되었다. 뿔 형태와 재료의 변형된 것으로 1992년의 미스터 무무(Mister Meumeu) 치즈강판과 톰슨 알로 전화기, 플루오카릴 칫솔 등을 들 수 있다.

97

비평가 모건은 가구 및 제품 디자이너로서의 스탁 전략의 기본은 익명성, 양면성, 선택으로 분석한다. 그의 작품은 두드러지게 자신의 시그너쳐나 스탁이 디자인했다는 식의 무언가를 삽입하지 않고 익명성 자체로 남고 있다. 오히려 그는 기술발전의 사회적 조건과 외적변수의 대응으로부터 나오는 경제적 디자인에 관심을 기울인다. 이런 점에서 그가 추구하는 상징 역시 사회생활, 재료기술, 그리고 생산방식과 대응하는 것으로부터 나온 것으로 보는 것이 바람직하다. 그러면서도 스탁

97. Mister Meumeu 강판

의 디자인을 인식하게 만드는 것은 역설적인 양면성이라고 할 수 있다. 기호이면서 동시에 기표로서 작용하는 그의 디자인의 특성은 양면적인 특성을 지니고 있어서 그것은 무의식의 심상이기도 하다. 리처드 3세 의자를 살펴보면 앞에서 보면 이것은 전통적인 클럽 안락의자이다. 높고 둥근 팔걸이, 깊은 좌석, 푹신한 등받이 모서리들은 가느다란 한 줄기 곡선이 되어 발로 이어진다. 이것은 여러 가지로 해석된다. 전통적인 클럽의 무거운 가죽의자를 초월하여 가벼우면서도 안락하고 모던한 형태로 만들어내기 위해서는 위상과 사회적 표상의 변증법적 게임이 이루어져야 하는 것이고 그것은 무의식의 실재계의 욕망이 현실세계에 맞닿아 구현되면서 동시에 당대의 기술과 감각으로 심플하고 경제적으로 구현될 수 있어야 한다.

세 번째 요소로 '선택' 과 관련하여, 스탁은 자신이 디자인한 사물에 디자인과 전혀 어울릴 것 같지 않은 독특한 이름을 붙이는 것을 즐겨 사용한다. 레몬 착즙기라는 사회적 기표를 거부하고 그는 쥬시 샐리프라는 상징적 이름을 부여하는 것이다. 그것은 제품을 사용할 사람들과의 의사소통을 추구하는 것이다. 그것은 사물에 이름을 부여할 때 의식에 그 사물이 들어와 관심을 갖고 사랑을 일깨워주는 역할을 한다고 설명한다. 그것은 사물과 무의식을 연결해주는 행위이기도 하다. 그는 사물들과의 위트 있고 장난기 있는 이름짓기와 디자인으로 인해 사물과의 비밀스러운 연결을 유도한다.

스탁이 사용한 가장 큰 스타크리는 아사히 비어 사옥의 상징물이다. 아사히 비어

98

98. 아사히 비어와 거품을 상징하는 스타크리

의 500cc잔 모양의 황금색 외관과 거품을 디지털화된 모습으로 디자인된 건물 우측에 마치 맥주 거품이 바람에 날리는 듯한 스타크리를 배치함으로써 묘한 심상을 불러일으킨다. 그것은 보는 이에 따라 다양한 시적 감수성을 불러일으키는 것으로 의미 없는 기호이면서 동시에 많은 심상을 불러일으키는 무의식으로의 연결통로로서의 오브제가 배치된 것이다. 그것은 매우 유쾌한 상징이었고 즐거움과 각박한 현실세계의 이완을 가져오는 행위였다.

필립 스탁은 비(非: non)의 접두어를 사용하는 개념을 통해 제품과 건축 및 실내디자인의 단순한 기능의 이성적인 차원 너머의 실재계의 잔여물을 효과적으로 드러낼 수 있는 방법론을 탐구해왔으며 효과적으로 그러한 성향을 만족시키는 작품을 선보여 왔다. 전복적인 좌파적 속성과 함께 그의 작업은 일상에서 무의식 및 실재계의 목소리와 함께 생활할 수 있는 원초적 느낌의 제품을 지향했고 비소비자를 위한 제품으로 정치적 목소리까지 낼 수 있도록 의도했다. 그의 작업 자체가 개인 내면으로부터 정치적인 영역에 이르기까지 지젝이 언급하는 내용과 많은 부분이 이데올로기에 저항하고 변화를 위해 실천하고자 하는 것과 일치하는 삶을 살고 있다.

이제 10권을 정리해야 할 시점이다. 라캉의 이론으로부터 건축분야에 영향을 주었던 부분은 L도식의 상징(환상) 이론과 함께 은유와 환유의 개념이다. 특히 환유의 개념은 은유의 상상화를 초월하여 실재계의 잔여물들이 심리적인 작용을 통해 효과적으로 드러날 수 있는 언어학의 방법론이다. 스탁은 이를 건축분야에 적용하여 공간을 구축하고 표현면에서 적용할 수 있도록 실험해왔다. 라캉의 시지각 분절이론은 주체와 객체의 이원론을 극복하고 응시의 시선으로 상호소통하면서 실재계에 등록된 것(잔여물로서의 대상a, 향유)들이 드러날 수 있는 통로로서의 이론적 배경이 되었다. 예술에 있어서는 초현실주의 회화에서 즐겨 사용되었던 방법론들이 건축에 적용되었다. 츄미는 프로그램을 교차시키고 편집하면서 모순적인 프로그램 속에서 실재계의 잠재적인 욕망과 잔여물들이 새로운 의미를 생성해낼 수 있는 방법론을 선국적으로 실험했다. 위반과 금기의 에로티즘은 상호 교통하는 가운데 금기와 위반의 내용까지도 포함하여 표현될 수 있는 방안에 대해서 건축에 영향을 주며 효과적인 방식으로 자리잡았다. 그것은 삶과 죽음, 정상적인 것과 비정상적인 것 사이를 끊임없이 왕복하면서 실재계의 것들이 효과적으로 드러나는 것을 가능하게 해주는 것들이다. 그것은 일정부분 틈과 사이를 사유하면서 실험을 수행했던 해체주의 사유와 해체주의시기에 작업했던 건축가들에게 공통적으로 나타나는 키워드들이다. 알레고리의 개념 역시 에로티즘과 환유와 마찬가지로 익숙한 이야기나 신화를 바탕으로 하여 현실 이면의 잠재적인 요소들을 복잡한 차원으로 이끌며 실재계의 요소들이 드러날 수 있도록 만들어주는 방식이다. 스케일을 확장하여 사회에서 발생하는 민감한 주제의 사건들과 상징계라는 현실에서 대타자로서 구축되는 도시C(대타자)와 건축물들은 상징계에 미처 들어오지 못하고 실재계에 등록되어 있는 목소리들이 끊임없이 솟구쳐 올라와 현실에 드러나기를 원하는 욕동과 힘겨루기를 하면서 구축된 것이다. 그것은 대타자의 욕망이 투사되어 드러난 것이며 환상과 매개논리에 의해 드러난 것이다.

앞서 살펴본 건축가들의 작업들은 이러한 관점에서 도시와 건축물을 바라보고 실재계의 잔여물들이 현실에 적절하게 드러나게 하고 시대정신을 충분히 반영시켜 구축하는 공통점을 가지고 있다. 그들은 자신의 건축물들이 단순히 건축유형으로 닮게 되는 상상계의 수준을 초월하고자 한다. 또한 그들은 근대성과 시대정신을 가미하되 실재계의 영역을 드러내면서 현실에 구축시켜 기존의 콘텍스트와 조화를 이룸과 동시에 적절한 긴장감을 발현하는 방식을 선호한다. 그것은 상당 부분 근대 이성의 폐해에 해당되는 부분을 극복하고 치유하고 상호 원만하게 안정화를 이룰 수 있는 방법론인 것이다. 20세기 서구 사회의 사유는 대부분 이러한 맥락에서 극복과 화해, 안정화를 위한 사유의 과정이었으며 또한 유구한 역사적 도시 콘텍스트를 지니고 있는 서구사회의 건축적 방법론이었다.

시사점과
PART III
건축적용 가능성

생각해보아야 할 점

1032 데리다와 지젝의 차이점과 건축공간 및 표현의 차이점은 무엇인가 ?

데리다는 이미 1970년대에 라캉과 견해 차이를 드러낸 바가 있다. 현재까지 데리다의 사유는 철학적으로 정립되어 욕망이나 글쓰기, 차이와 관련하여 후기구조주의의 중요한 사유로서 인정받고 있다. 차이의 철학과 마찬가지로 데리다의 철학은 글쓰기에서 차연과 대리보충의 악순환을 끊을 수 있는 미래완료적 글쓰기를 제안한다. 그러나 지젝은 결핍과 잔여된 것이 상징계라는 현실과 관계를 맺으면서 드러나는 순간의 역학관계의 디테일에 관심을 집중한다. 그것은 마치 쐐기와 같이 돌출되며 첨입하는 것이다. 지젝은 데리다의 해체주의와 라캉 정신분석학을 중재하려는 모든 시도는 궁극적으로 실패한다며 둘 사이의 화해가능성을 부정한다. 다만 낙관적으로는 프로이트주의자 답게 둘의 관계가 지닌 문제적 특성을 더 세밀하게 바라본다면 예상치 못한 결합점들이 나타날 수도 있다고 한발 뒤로 물러선다.[54] 고 언급한다. 그것은 자기동일성의 결여로부터 나타난다. 그는 전체성의 한계와 문제점에서 구성적 탈주를 추구한다. 그것은 전체를 위협에 빠뜨릴 수 있으며 그것에서 돌출되어 나온 요소가 존재한다.

해체주의의 글쓰기와 실재계의 개념에 있어서 공통점은 주체와 객체의 사이공간에서 무의식을 효과적으로 드러내는 방식을 적극적으로 탐구한다는 점에 있다. 데리다와 지젝은 주체와 객체의 사이공간에 관심을 집중하면서 그 사이에서 벌어지는 이면의 무의식을 드러내는 것에 공통점이다. 해체주의는 무의식적인 욕망의 환유를 원활하게 일으키도록 다시쓰기(기입)를 하는 것이다. 해체라는 행위

54) 같은 책, p210

자체는 의미와 함축의 논리들을 갈등할 수 있도록 새롭게 배치하는 것이다. 형이상학적으로 고착화 되어있는 기표와 대상을 다르게 배치하고 대체하면서 새로운 의미를 파생시키는 것이 환유의 작용이다. 이렇게 데리다는 환유의 작용으로 욕망과 무의식이 온전하게 만족될 수 있는 미래완료적 글쓰기를 제시한다. 또한 차연의 근본적인 부족함을 대리 보충할 수 있도록 쓰는 순간을 중시해야 한다. 즉, 미래완료적으로 글쓰기 방식으로 지연되지 않고 받아들이는 그 순간에 맞추어 도달될 수 있도록 배치하라는 것이다. 그런 측면에서 데리다의 사유는 상당부분 능동적인 자세를 지니고 있다. 그는 무의식의 요소들까지도 만족되고 온전하게 드러날 수 있는 표현을 하고 있다. 이를 위해 그는 적극적으로 개입하여 편집의 배치를 조작하여 표현하라는 것이다.

그러나 라캉 및 지젝의 방식은 데리다의 적극적 개입의 방식보다는 좀 더 관조적이다. 그들의 연구 성향은 프로이트의 정신분석에 영향을 받은 이유가 클 것이다. 프로이트가 증상이 나타나는 환자들을 분석하는 과정에서 카타르시스를 통해 치료를 한 것과 같이 어떠한 증상을 보이는 환자가 오게 되면 그 이후에 수동적으로 관찰하면서 분석하는 분위기에 따르는 것이다. 따라서 라캉의 시지각 분절이론은 적극적인 개입을 의미하는 이론이 아니다. 주체와 객체의 상호시각의 교차를 가정하고 그에 따라 교차되는 마름모꼴의 이미지-스크린을 가정하여 무의식의 통로로서 실재계의 잔여물들에 대해 분석하는 이론을 펼친다. 그의 이론의 방식 자체가 적극적으로 개입의 장(playground)을 만든다기보다는 주어진 조건에 대한 분석이 주가 되기 때문이다.

이러한 특성에 따라 해체주의 건축과 라캉으로부터 영향을 받은 건축의 특성 또한 사뭇 다른 양상으로 나타난다. 아이젠만과 츄미의 경우, 해체주의시기에 데리다의 사유로부터 영향을 받아 작업을 한 건축가로서, 기존 콘텍스트의 외적 변수를 적극적으로 받아들여 개입하는 글쓰기를 통해 새로운 의미를 생성시키는데 관심을 집중한다. 이러한 작업태도는 기존의 콘텍스트를 대상으로 하면서도 능동적으로 새로운 창조성을 가미하여 자신의 정체성을 동시에 선보이기에 적합하다. 또한 츄미의 경우에도 베르토프의 영화편집기법과 같이 외적변수를 이용하여 공간 구성요소들과 프로그램들을 적극적으로 편집하고 교차배열시킴으로써 이전의 콘텍스트를 초월하여 새로운 의미의 공간을 구성할 수 있는 방법론이 될 수 있었다. 또한 그 공간을 경험하는 사람들에게도 경험의 개입과 인지를 강요하듯 배치함으로써 적극적으로 체험할 수 있게끔 계획하는 경향을 보인다.

그러나 라캉으로부터 크게 영향을 받은 존 헤이덕의 경우 작업은 소극적으로 실재계와 상징계가 만나고 있는 지점에 실재계의 잔여물들이 기괴한 분위기의 요소들이 창발하는 분위기를 꾸미는 성향이 강하다. 그의 작업은 분위기를 내기 위한 일종의 미장센과 같은 세팅을 설치하는 느낌의 방식이다. 따라서 그의 작업은 적극적인 개입이라기보다는 실재계의 대상a와 향락의 요소들이 있으니 관찰자에게 잘 찾아봐달라는 느낌이 강하다. 나는 여기에 독특한 느낌으로 조용히 피어있을 테니 발견할 수 있고 볼 수 있는 눈이 있으면 와서 즐기라는 식이다. 그의 작품은 정적인 미장센의 공간에 동적인 요소들이 세심하게 고려되어 배치되어 있는 느낌이라고 할 것이다.

80~90년대 과격하고 복잡한 이미지를 양산했던 해체주의 건축사조는 그 강렬함만큼이나 짧은 생명주기를 마치고 소멸되었다. 건축의 해체주의 사조는 새로운 글쓰기의 개념을 적극적으로 받아들이면서 변화를 이끌었던 능동적인 방식으로 생각해볼 수 있다. 그러나 정신분석학 이론이 프로이트가 환자들을 안락의자에 앉혀 임상실험을 통해 환자의 무의식을 관찰하는 것으로부터 시작되었던 것처럼 라캉의 이론으로부터 영향을 받은 건축 작업은 헤이덕의 작업과 같이 상대적으로 수동적 미장센 꾸미기나 실재계의 미묘한 요소를 드러내게 하는 방법론을 통해 실재계로의 이끄는 특성의 차이가 있다. 라캉의 개념에 영향을 받은 작품들은 관

찰자의 상당시간의 관조가 필수적이며 일정부분 수수께끼를 풀어내야 하는 방식과 유사하다. 따라서 해체주의와 같이 적극적인 방식으로 새로운 글쓰기를 하는 것과 미묘한 실재계의 차원의 요소들이 기존 구조에 수수께끼처럼 드러나게 하는 소극적인 방식과는 차이가 있다.

1033 들뢰즈, 데리다, 라캉의 공통분모와 건축의 경계면과 차이점은 무엇인가?

들뢰즈는 욕동이 드러나는 것과 그것이 만들어내는 생성의 힘(force)에 집중한다. 생성을 중시하기 때문에 그는 변화의 움직임에 주목하여 세계를 파악하고자 했다. 그것은 고대철학으로부터 면면히 이어져 내려오는 변화의 세계관의 계보로서 근대이후 자본의 순환과 정신분석학의 요소들과 함께 사유하고자 하는 흐름이었다. 그는 마르크스 이래 이면의 욕동의 드러남(생성)과 자본사화의 생산과 소비의 순환구조의 고리를 통한 역동적인 변화과정을 탐구했다.

데리다는 차연, 산포 등의 해체주의적인 개념과 함께 미래완료의 글쓰기를 강조했다. 앞서 언급했듯이 그의 사유는 인류의 언어가 생긴 이래로 글쓰기의 기입이라는 언어의 부족함을 보완하면서 불안정한 것을 안정화시키는 담론에 가까운 이론이다. 그것은 근본적으로 한계가 있는 언어의 글쓰기(언어전달과 생산방식)의 근본적인 구조에 대한 이의를 제기한 것이었으며 새로운 방식의 생산구조를 생각해보자는 것이었다. 그러한 주제의식이 건축가와의 협업을 진행하도록 한 원인이었다. 건축 자체가 기입하며 구축하는 분야이기 때문이다.

해체주의의 전제로는 기존의 텍스트(건축분야에서는 콘텍스트)를 필요로 하는 것이었다. 아무것도 없는 가운데에서는 부족한 것도 없기 때문이다. 해체주의의 한계는 무언가가 전제되어야 그 사이 혹은 그 틈새에서의 부족한 것을 인식하고 그것을 극복하고자 하는 움직임이 나올 수 있을 것이다. 따라서 이러한 사유는 무언가 후속적으로 따라오는 사유라고 할 수 있다. 무언가 기존 텍스트가 존재하고 그 기존의 텍스트의 사이, 틈, 간격이 필요한 것이다. 따라서 해체주의의 진정한 의미는 과격한 건축이미지와는 달리 콘텍스트와의 화해, 평화로운(안정적인) 공존을 위한 사유이며 화해와 안정화에 초점을 두는 사유라고 할 수 있다.

라캉의 실재계의 개념 역시 상징계의 진입 이후에 후차적으로 발생할 수 있을 것이다. 라캉은 상징계(언어계)에서 드러나지 않는 이면의 세계, 대상a와 환상이 등록되어 있는 차원인 실재계에 집중한다. 라캉은 인간이 상징계에 진입하면서 필연적으로 발생하는 상징계로 모두 채워지거나 표현하거나 만족할 수 없는 무언가가 등록되면서 동시에 끊임없이 침범하고 드러나고자 하고 차이의 무언가로 나타나고자 하는 것에 관심을 집중한다.

건축적으로는 대체물로 나타나는 것, 그 방식, 이면의 애매함이 드러나는 순간이 중요하며 그 순을 드러내는 구축 방법론에 집중하게 된다. 그것은 이성 혹은 상징

	들뢰즈	데리다	라캉
주요 키워드	욕동, 힘(force)	차연, 산포, 미래완료 글쓰기	실재계, 대상a, 환유
세계관	생성, 변화의 세계관 생산, 소비의 순환구조 중시	언어(글쓰기)의 근본적 한계를 극복하는 세계관	무의식과 의식의 만남의 순간과 화해(치료)를 하고자하는 근본적 인간정신구조 탐구
건축구축방법론	공간 안의 매스의 요소들의 조합과 변형의 복합체의 생성 과정 중시	사이와 틈의 상호텍스트성 공간의 파편화 모순된 프로그램의 충돌 다차원의 연결동선	드러남의 구축방법론 만남의 구축방법론 새로운 차원으로의 이동, 만남 중시 평면, 입면의 미묘한 차이 속에 실재계의 기괴함 발현
조형	매스의 복합화와 유동성이 만들어가는 역동성, 힘, 사건 중시(접힘과 펼쳐짐) 이음매 없는 연속(seamlessness)	사이와 틈의 다차원적인 겹침과 충돌이 만들어내는 사이와 틈새의 조형	다른 차원과의 만남을 중시하는 조형 기괴함과 애매함의 조형
중요한 내용	생성의 힘과 변화의 힘 순환구조	기존 콘텍스트와의 화해, 안정화 중시	기존 콘텍스트와의 화해, 안정화 중시

계로는 설명하기 힘든 기괴함, 낯설음과의 만남(조우)이다. 그것은 유사성의 욕망 속에 새로운 역사가 되는 애매함의 드러남을 공존케하는 새로운 역사를 만드는 방법론이 될 수 있다. 또한 건축방법론 역시 이면에 존재하는 다른 차원의 세계의 이동, 조우, 마주침에 초점을 두고 있다.
이에 따른 유사성과 차이점을 표로 정리하면 앞 표와 같다.

데리다는 글쓰기의 생산성에 있어서 새로운 방법론을 열기 위한 길을 모색하는 것이므로 기입방식이라는 새로운 방법론에 집중하는 측면이 있다. 그것은 80, 90년대 건축과 연계된 해체주의의 다소 과격한 실험으로 차이의 건축구축방법론을 보여줌으로써 충격을 주었고 짧은 시간을 풍미하고 사라져버렸다.
라캉은 인간의 무의식 구조를 연구하고 정신구조에 의해 나타나는 현상을 탐구하고 해결하고자 하여 상당부분 구조주의의 특성을 보인다. 그러나 동시에 후기구조주의의 특성도 많이 지니고 있다. 후기구조주의는 욕망이 꿈틀대는 카오스의 바다에 떠 있는 구조를 상징한다. 억압된 것, 무시당하고 소외된 것들이 어느 순간 구조를 뚫고 나오거나 구조를 전복시키고 새로운 구조를 만들어내는 것에 관심을 두고 있는 것처럼 라캉의 이론 역시 실재계라는 무의식의 요소들(억압된 것, 무시당하고 소외된 것)들이 끊임없이 상징계를 비집고 나오고자하는 고성에 대해 관심을 집중한다. 그것은 끊임없이 상징계의 틈을 뚫고 나와 기존의 구조와 일정부분 섞이고자 한다.

그의 이론이 일차적으로 무의식이라는 인류공통의 근본구조를 다루는 구조주의로 분류되면서도 또 일정부분 후기구조주의자로 분류되는 이유는 그가 욕망의 차이에 의해 이미 드러난 무언가 미묘하고 애매한 것에 대한 해석의 가능성에 집중하고 있기 때문이다. 이것은 라캉 자신이 정신 분석가였기에 자연스러운 태도와 방향성이라고 할 것이다. 그것이 미묘한 욕망의 차이를 드러내는 차이의 방법론이며 그것은 어쩔 수 없이 조형분야에 있어서는 다소 소극적인 분석과 드러냄의 제스처를 보이면서 은근한 방법론이 되고 있다.

1034 건축에서 대립적인 집단의 환상 가로지르기는 어떻게 이루어져야 할 것인가?

기존 질서를 전복시켜 새로운 질서체계를 성립하고자 하는 좌파적 속성과 기존의 구조와 가치를 지키고자 하는 보수 우파의 속성은 상호견제와 균형을 통해 발전을 이루어나가는 사회 구조적 특성을 보여 왔다.

기본적으로 건축분야는 중력에 저항하기 위해 기둥과 보, 바닥이 존재하면서 공고하고 안전하게 세워져 있어야 하는 건축의 특성상 보수적인 가치가 지배하는 경향이 강하다. 모더니즘 시대에 국제주의 양식 5원칙이 전 세계에 빠르게 전파된 것에는 전후 복구를 위해 장식이 없이 깨끗한 입면이 위생적이고 경제적이고 빠르게 구축할 수 있는 시대적인 모럴이 되었기 때문이었다. 당시에 질서 잡히고 경제적이고 간결한 디자인과 건축 및 도시 경향은 현대사회의 기본적인 건조 환경의 조건이 되었다. 대중은 이미 세대를 이어 오랜 세월동안 그러한 경관과 환경에 익숙해져 있는 측면도 있다. 포스트모더니즘이 등장한 것은 이러한 획일적인 도시환경과 건조 환경에 싫증이 나고 폐해를 경험한 대중이 옛 마을의 경관과 정취가 우러나오는 옛 감성을 추구하는 니즈 때문이었다. 그러나 그러한 디자인의 소비자는 우리나라에서 값비싼 한옥을 지어 생활하는 사람들과 같이 역설적으로 추가적인 장식의 비용을 지불할 수 있는 기득권 상류층이었다. 일반 대중들은 어쩔 수 없이 저렴한 모던풍의 대량주거시설에서 살아야만 했다. 기본적으로 건축 및 도시 분야는 양이 지배하는 분야이다. 아무리 우수한 시설 및 주거라고 할지라도 절대량이 많아지게 되고 우리를 둘러싼 건조 환경이 그러한 디자인으로 획일적으로 둘러싸게 된다면 그렇지 않은 디자인이 중간에 끼게 되었을 때 희소성을 확보할 수 있을 것이다.

기존 질서를 전복시켜 새로운 질서체계를 성립하고자 하는 좌파적 속성과는 달리 기존의 구조와 가치를 지키고자 하는 우파적 속성은 실재계의 대상a와 향유가 무분별하게 드러나고 표현되는 것을 근본적으로 꺼려하는 경향이 있게 마련이다.

대립적인 가치 혹은 인종주의 페미니즘은 모두가 당파적 특성이 있는 것이어서 각 집단의 이해관계나 추구하는 신념에 따라서 다른 환상이 충돌하고 있는 것으로 해석할 수 있다. 따라서 앞서 인종주의를 언급할 때 해결책으로 제시되었던 것을 건축적으로 응용할 수 있을 것이다. 지젝의 방식은 당대의 이데올로기에 끊임없이 질문하여 일상을 되돌아보고 부조리한 것을 환기시키며 인식하도록 만들고 이를 위해 변화시키고자 하는 공동의 힘과 연대가 필요하다고 주장한다. 각각의 신념을 가진 집단의 환상을 익숙한 것을 새로운 시각으로 바라보기 위해 거리두기를 하고 새로운 저항의 이데올로기를 연대시키고 주장하여 실천해야 할 것이다. 침범하지 않으면서 동시에 실재계의 허구와 환상을 제거해나가는 작업이 필요한 것이다.

1035 실재계의 드러남이 이성의 폐해와 화해를 이룰 수 있는 방법론이 될 수 있는가?

지금까지 라캉의 이론으로부터 영향을 받은 건축가들의 작품을 분석해보았을 때 실재계에 등록되어 있는 대상a와 향락의 요소들이 이미지-스크린의 응시를 만들어내는 작용에서 자유롭게 드러날 수 있는 방법론에 집중하고 있었다. 그로 인해, 실재계의 잔여물을 어떻게 하면 좀 더 효율적으로 드러낼 수 있는가에 따라서 각 건축가의 철학과 작품의 정체성이 결정되어 왔다. 물론, 획일적인 기능이 위주가 되는 모더니즘 건축양식과 모더니즘 도시계획의 폐해들은 이미 알려진 바와 같다. 이를 극복하기 위해 다원성이 허용되는 문화와 배제되고 무시되는 사회적 요소들을 껴안고 치유하며 함께 어울려 살아가는 자세가 반드시 필요하다. 그러나 경관적인 요소에 있어서 소수 취향이 다원성의 이름으로 오히려 다수가 되는 상황은 어떻게 생각해야 할 것인가? 오히려 소수의 취향을 다수에게 정치적으로 좋은 것이고 바람직한 것이라고 강요하고 정책적으로 강제하는 상황이 도래한다면 그것은 어떻게 생각해야 할 것인가? 당파적인 사유와 상황에 이르렀을 때도 우리는 그것을 어떻게 받아들여야 할지에 대해서 진지하게 고민해보아야 할 것이다.

우리는 이 시점에서 상징계의 법칙성이 공고한 것이 꼭 나쁜 것인가에 대한 근본적인 질문을 할 수 있다. 또 대타자의 욕망과 응시의 시선으로 상징계의 도시환경을 실재계의 요소들이 자유롭게 표현되고 드나들 수 있는 디자인을 실현하는 것이 최선의 방식인가에 대해서도 생각해볼 필요가 있다. 즉 uncanny의 자유로운 마주침과 공간 및 경관은 바람직한 것인가? 에 대해서 생각해볼 필요가 있다는 의미이다. 그것은 기존의 전체의 구조를 완전히 전복하지 않는 정도의 수준에서 실재계의 욕망이 적절하게 드러날 수 있는 것, 욕망이 심각한 문제를 일으키지 않는 수준에서 새어나올 수 있는 여지를 남겨놓는 것이 전체적인 시각에서 보았을 때 오히려 안정적이고 건전한 결과를 만들어 낼 수 있다는 것이다. 분명한 것은 꽉꽉 숨기며 배제하는 것보다는 전체를 생각이 소외되고 무시된 것을 적절하게 아우를 수 있는 여지를 주는 지혜와 조화가 필요하다는 것이다.

전체성과 동일성의 폐해가운데 라캉과 지젝의 이론이 극복방안이 될 수 있는가에 대한 생각으로부터 시작해보자. 근본적으로 전체성에 포섭하려고 하는 개체는 동일하지 않다는 것이 주지의 사실이다. 모든 개체가 유사해 보일 수도 있지만 다르기 마련이다. 그러한 개체들을 동일성의 이름으로 같은 제복을 입히고 같은 직무를 부여한다고 해도 어느 순간 개체의 개별성이 드러나게 마련이다. 그들을 상징계로 대표되는 '호명' 의 위치에 배치한다고 해도 호명의 위치를 벗어나고자 하는 욕망과 대상a 및 향락의 요소들이 어느 순간 펼쳐져서 나타날 수 있다. 오늘날의 사회는 통합되어 있지 않고 다원화 되어 있으며 조화로운 유기체가 아니라는 사실에 대한 인식이 필요하다. 이데올로기적으로 기표에 대한 호명은 이렇게 불

완전한 것이다. 전체성이 만들어내는 사회적인 병리 증상은 실재계의 차원에서 억압되고 무시되어 잔여물로 남아 있는 욕망이 비정상적인 방식으로 분출된 것이다.

무시당하고 억압받고 소수취향의 요소들은 상대적으로 고귀하고 고상한 밝은 취향의 것들과는 다른 편에 서있는 것이다. 태양의 신인 아폴론은 논리적이고 이성적이며 고상하고 고귀한 취향이다. 그러나 인간의 감정(pathos)에 근거한 영역이나 어둠의 영역이라고 할 수 있는 것들은 상대적으로 기괴함과 불편함을 유발하는 요소들이다. 언캐니uncanny한 것이 한 때 조형분야의 화두가 되기도 했다. 그러나 정돈된 질서의 도시구조와 경관에서 기괴함과 불편한 것들이 공평하게 공존하는 경관과 도시구조를 만들어낸다고 했을 때 정돈되고 깨끗하고 질서 잡힌 고상한 도시와 도시의 활력을 가장하여 기괴함과 저속함이 판을 치는 도시를 비교했을 때 어떤 것이 더 좋은지에 대한 판단은 각자의 몫일 것이다. 이러한 부분은 항상 진보와 보수의 당파적인 생각과 연계될 수밖에 없는 가치판단의 영역이 될 가능성이 높다.

도시에 있어서도 계획도시인 포멀 시티(formal city)와 산동네와 같이 자생적으로 발생한 인포멀 시티가 있다. 포멀시티는 공적 자금에 의해 기반시설이 잘 갖추어진 다음 각 기능의 주거와 시설들이 입지하게 되므로 큰 문제없이 기능하지만 인간적인 측면과 스케일에 있어서 문제점을 보여 왔다. 그러나 인포멀 시티는 반대로 열악한 입지(산지)에 입지하는 경우가 많고 기반시설이 제대로 갖추어지지 않아 도시기능과 순환이 원활하지 않는 경우가 대부분이다. 그런 가운데에 인포멀 시티 역시 자체의 구조와 자체의 위계를 스스로 잡아나가면서 훌륭하게 도시의 기능을 수행한다. 당파적인 시각에서 계획도시를 중심으로 인포멀시티의 요소를 접목하는 것이 바람직한지, 인포멀시티에 포멀시티의 계획적 요소들이 접목되는 것이 바람직한지에 대한 논쟁이 있을 수 있다. 일반적으로 계획도시인 포멀시티에 인포멀시티의 지혜와 조절능력 및 휴먼 스케일과 지혜와 요소들과 커뮤니티적인 요소들이 적절하게 섞여 들어가는 것이 바람직한 것으로 이해되고 있다. 그러나 어느 쪽으로 가야한다고 생각하고 주장하는 것은 당파적인 사유에 포섭되어 있는 경우가 많다. 물론 인포멀시티가 실재계를 상징하는 것은 아니다. 또한 인포멀 시티가 소수자와 억압받은 것, 무시당하는 것들이 온전하게 드러나 있는 도시구조라고 말하기도 힘들다. 그럼에도 불구하고 오랜기간 선조의 지혜가 녹아들어 형성되었던 인포멀시티에서 지혜를 찾고자 하는 도시계획가 및 건축가들이 존재한다. 오늘날 좋은 도시계획은 얼마만큼 근대적인 도시계획 기법에 최대한의 인포멀시티의 지혜를 녹여내는 것을 가능하게 할 수 있을 것인가가 주요한 화두 중에 하나이다.

근대 이후 이성 중심의 사유가 만들어 놓은 이면의 막대한 피해를 극복하기 위해 의도적으로 배제시키고 무시되었던 요소들이 함께 존중받고 화해할 수 있는 방안들로 사유하면서 건축적인 실험이 이루어졌다. 그것은 많은 사람들이 존중받고 안정된 사회를 만들 수 있는 방향이었다. 그러나 과하면 모자람만 못하듯이 다원적인 특성도 사회와 시대에 따라 합리적 합의에 의하여 민주적으로 조절될 수 있어야 할 것이다. 그리고 사회의 근본구조가 훼손되지 않는 범위에서 최대한의 자유와 실재계에서 억압받고 소외되고 배제되었던 것들을 껴안는 사회와 도시구조 및 건축물이 조화를 이룰 때 우리가 사는 세상은 더욱 건강하고 풍요로울 것이다.

욕망이론에서 살펴보았던 건축가들의 실험과 노력은 그러한 측면에서 바라보면서 현 시대의 건축공간 및 표현을 좀 더 질적으로 보완할 수 있는 방향에서 다시 생각해본다면 다양한 자재성이 긍정적으로 승화될 수 있지 않을까.

찾아보기

그림출처

- John Hejduk, Soundings, Rizzoli, 1993, p142, 143
- 건축과 환경9603, Daniel Libeskind, 1996, p155, 157

참고문헌

국내 단행본

1. 건축, 도시 부문

- 김기수, 건축의 일상성과 상징성, 비온후, 2000
- 데얀 수딕, 거대건축이라는 욕망, 안진이 역, 작가정신, 2011
- 라파엘 모네오, 건축적 고뇌와 디자인 전략, 임기택 역, Spacetime, 2006
- 라파엘 모네오, 라파엘 모네오가 말하는 8인의 현대건축가, 임기택 외 3인 역, 공간사, 2008
- 리차드 코인, 건축가를 위한 데리다, 임기택 역, Spacetime, 2013
- 마이크 새비지, 자본주의 도시와 근대성, 김왕배 외 역, 한울, 1996
- 마이클 헤이스 편, 1968년 이후의 건축이론, 봉일범 역, spacetime, 2003
- 마이클 헤이스, 건축의 욕망 - 레이트 아방가르드 읽기, 조순익 역, 스페이스타임, 2011
- 만프레도 타푸리, 건축과 유토피아, 김원갑 역, 1992
- 모리스 애즈미, 알도 로시 Aldo Rossi, 영문출판사, 1993
- 버난트 클라센, 서양건축사, 심우갑 역, 대우출판사, 1997
- 베르나르 츄미, 건축과 해체, 류호창, 서정연 역, 시+공, 2002
- 베아트리츠 콜로미나, 섹슈얼리티와 공간, 김영옥 외 역, 동녘, 2005
- 서윤영, 건축, 권력과 욕망을 말하다 - 역사를 담은 건축, 인간을 품은 공간, 궁리, 2009
- 안은희, 건축의 욕망, 환상, 그리고 징후, 한국학술정보, 2009
- 알도 로시, 과학적 자서전, 곽기표 역, 소오건축, 2006
- 알도 로시, 도시의 건축, 오경근 역, 동녘, 2006
- 양동근, 현대건축론, 기문당, 1995
- 앤드류 무어, 건축의 컬러, 임기택 역, Spacetime, 2009
- 에드워드 소자, 공간과 비판사회이론, 이무용 외 역, 시각과 언어, 1997
- 윤숙희, 크로노토프 건축, 존 헤이덕의 건축을 중심

으로, 스페이스타임, 2009
· 윤재희 편저, 독일공작연맹과 건축, 세진사, 1995
· 윤재희 편저, 표현주의 건축, 세진사, 1995
· 윤재희 편저, 바우하우스와 건축, 세진사, 1995
· 이규목, 도시와 상징, 일지사, 1988
· 이영수 외, 건축콘서트, 공저, 효형출판사, 2009
· 임기택 외, 건축공간론, 공저, 기문당, 2010
· 임기택 외, 도시재생 현재와 미래, 공저, 보성각, 2010
· 조명래, 포스트포디즘과 현대사회 위기, 다락방, 1999
· 존 레니에 쇼트, 문화와 권력으로 본 도시탐구, 이현욱 외 역, 한울아카데미, 2001
· 최윤경, 사회와 건축공간, Spacetime, 2003
· 케이트 네스빗, 건축이론1, 2, 3, 최학종 역, Spacetime, 2005
· 페브스너, 유럽 건축사 개관, 김복지 역, 태림문화사, 1993
· 편집부, ANYWAY, 서울: CA press, 1997
· 편집부, ANYWHERE, 서울: CA press, 1997
· 편집부, ANYPLACE, 서울: CA press, 1999
· 편집부, ANYBODY, 서울: CA press, 2005
· 피터 노버, 건축의 종말, 미건사, 1995
· 피터 아이젠만, Diagram Diaries, Universe Publishing, 1999
· 피터 아이젠만, 포스트모던을 이끈 열 개의 규범적 건축 : 1950-2000, 고영선 외 역, 서울하우스, 2014년
· William J. R. Curtis, 1900년 이후의 근대건축, 강병근 역, 화영사, 1993

2. 철학 부문
· 강응섭 외, 라캉과 지젝 - 정치적, 신학적, 문화적 독법, 글항아리, 2014
· 강응섭, 자크 라캉의 세미나 읽기, 세창출판사, 2015
· 강응섭 외, 라캉과 지젝 - 정치적, 신학적, 문화적 독법, 글항아리, 2014
· 김석, 프로이트 & 라캉 - 무의식에로의 초대, 김영사, 2010
· 김석, 에크리-라캉으로 이끄는 마법의 문자들, 살림, 2007
· 로날드 칠코트, 포스트맑스주의, 이경숙 전효관 역, 민맥, 1992
· 릭 로데릭, 하버마스의 사회사상, 김문조역, 탐구당, 1992
· 막스 베버., 프로테스탄트 윤리와 자본주의 정신, 박성수 역, 문예출판사, 1988
· 막스 베버, 사회경제사, 조기성 역, 삼성출판사, 1988
· 맹정현, 리비돌로지-라캉 정신분석의 쟁점들, 문학과지성사, 2009
· 미셸 푸코, 감시와 처벌, 박홍규 역, 강원대 출판부, 1989
· 미셸 푸코. 니체, 계보학, 역사, 이광래 역, 민음사, 1990
· 미셸 푸코, 지식의 고고학, 이정우 역, 민음사, 1992
· 미셸 푸코, 광기의 역사, 김부용 역, 인간사랑, 1991
· 미셸 푸코, 성의 역사1, 2, 3, 이규현 역, 나남, 1990
· 백상현, 라깡의 루브르-정신병동으로서의 박물관, 위고, 2016
· 발터 벤야민, 발터 벤야민의 문예이론, 심성완 편역, 민음사, 1994
· 베르트랑 오질비, 라캉 주체 개념의 형성, 김석 역, 동문선, 2002
· 브루스 핑크, 라캉의 주체 - 언어와 향유 사이에서, 이성민 역, 도서출판b, 2010
· 사드, 악덕의 번영, 김문운 역, 동서문화사, 2011
· 서용순 외, 라깡, 사유의 모험, 마티, 2010
· 슬라보예 지젝, 까다로운 주체 - 정치적 존재론의 부재하는 중심, 이성민 역, 도서출판b, 2005
· 슬라보예 지젝, 나눌 수 없는 잔여, 이재환 역, 도서출판b, 2010
· 슬라보예 지젝, 라캉 카페, Less Than Nothing, 조형준 역, 새물결, 2013
· 슬라보예 지젝, 시차적 관점, 김서영 역, 마티, 2009
· 슬라보예 지젝, 실재의 사막에 오신 것을 환영합니다, 이현우, 김희진 역, 자음과모음, 2018
· 슬라보예 지젝, 이데올로기의 숭고한 대상, 이수련 역, 새물결, 2013
· 슬라보예 지젝, 자본주의에 희망은 있는가, 박준형 역, 문학사상사, 2017
· 슬라보예 지젝 외, 자끄 라깡과 정신분석의 이면, 김종주, 라깡분석치료연구소 역, 인간사랑, 2017
· 슬라보예 지젝, 자크 랑시에르, 알랭 바디우, 아듀 데

리다, 최용미 역, 인간사랑, 2013
· 슬라보예 지젝, 코기토와 무의식, 라깡정신분석연구회 역, 인간사랑, 2013
· 슬라보예 지젝, 헤겔 레스토랑, Less Than Nothing 시리즈 1, 조형준 역, 새물결. 2013
· 슬라보예 지젝, HOW TO READ 라캉, 박정수 역, 웅진지식하우스, 2015
· 알랭 바디우, 엘리자베트 루디네스코, 라캉, 끝나지 않은 혁명, 현성환 역, 문학동네, 2013
· 알랭 바디우, 슬라보예 지젝, 바디우와 지젝 현재의 철학을 말하다, 민승기 역, 길, 2013
· 위르겐 하버마스, 현대성의 철학적 담론, 이진우 역, 문예출판사, 1994
· 윤평중, 푸코와 하버마스를 넘어서, 교보문고, 1990
· 이진경, 근대적 시, 공간의 탄생, 푸른숲, 1997,
· 이진경, 근대적 시선의 체제와 주체화(근대성의 경계를 찾아서), 새길, 2002
· 이진경, 철학과 굴뚝 청소부, 새길, 1994
· 자크 라캉, 자크 라캉 세미나 11-정신분석의 네 가지 근본 개념, 맹정현, 이수련 역, 새
· 자크 라캉, 욕망 이론, 권택영, 이미선, 민승기 역, 문예출판사, 1994
· 조르주 바타유, 에로티즘, 조한경 역, 민음사, 2009
· 존 필립스, HOW TO READ 사드, 김병화 역, 웅진지식하우스, 2015
· 지크문트 프로이트, 프로이트 정신분석학 입문, 서석연 역, 종합출판범우, 2017
· 조시 코언, HOW TO READ 프로이트, 최창호. 웅진지식하우스. 2007
· 지크문트 프로이트, 꿈의 해석, 김인순 역, 열린책들, 2004
· 지크문트 프로이트, 정신분석 강의, 홍혜경, 임홍빈 역, 열린책들, 2004
· 최 원, 라캉 또는 알튀세르-이데올로기적 반역과 반폭력의 정치를 위하여, 난장, 2016
· 프리드리히 니체, 권력에의 의지, 청하, 1988
· 테렌스 호옥스, 구조주의와 기호학, 오원교 역, 신아사, 1982
· 토니 마이어스, 누가 슬라보예 지젝을 미워하는가?, 박정수 역, 앨피, 2005
· 프레드릭 제임슨. 포스트모더니즘--후기자본주의 문화논리, 정정호 편, 문화과학사, 1989
· 프리드리히 니체, 도덕에의 계보, 청하, 1988
· 홍준기, 김상환, 라깡의 재탄생, 창비, 2002

3. 예술 부문

· 아놀드 하우저, 문학과 예술의 사회사, 백낙청 역, 창작과 비평사, 1974
· 매슈 게일, 다다와 초현실주의, 오진경 역, 한길아트, 2001
· 제임스 조이스, 피네간의 경야, 김종건 역, 범우사, 2003
· 존 멕퀸, 알레고리, 송낙헌 역, 서울대학교 출판부, 1983
· 조르주 세바, 초현실주의, 최정아 역, 동문선, 2005
· 할 포스터, 반미학, 윤호병 역, 현대미학사, 1993

외국단행본

· Agger, Ben, Cultural Studies as Critical Theory, London: Falmer Press, 1992
· Baudrillard Jean, For a Critique of the Political Economy of the Sign, St. Louis: Telos Press, 1981
· Bernard Tschumi, Architecture and Disjunction, Mit Pr, 1996
· Bernard Tschumi, Event-Cities 2, Mit Pr, 2001
· Bernard Tschumi, Event-Cities 3: Concept Vs. Context Vs. Content, Mit Pr, 2005
· Benjamin, W. The arcades project. Ed. Rolf Tiedemann, trans. Howard Eiland and Kevin McLaughlin. Cambridge, MA: Harvard University Press, 1999
· Best, Steven & Douglas Kellner, Postmodern Theory, London: MacMillan, 1991
· Cohen, L. A consumers republic: The politics of mass consumption in postwar America. New York: Knopf, 2003
· David Grahame Shane, Recombinant Urbanism, Wiley, 2005
· Daniel Libeskind, Daniel Libeskind: Jewish Museum Berlin, Distributed Art Pub Inc, 2011
· Daniel Libeskind, Daniel Libeskind: Inspiration and

Process in Architecture, Moleskine srl, 2015
· Manfredo Tafuri, The Sphere and the Labyrinth translated by Pellegrino d'Acierno and Robert Connolly, MIT, 1987
· Manfredo Tafuri, Theories and History of Architecture, New York, 1978
· Japan Architect(A+U), Lebbeus Woods Terra Nova, Gingko Pr Inc, 1990
· Lebbeus Woods, Slow Manifesto: Lebbeus Woods Blog, Clare Jacobson(편자), Princeton Architectural Press, 2015
· John Hejduk, Such Places as Memory: Poems 1953-1996, Mit Pr, 1998
· John Hejduk, Mask of Medusa, Rizzoli Intl Pubns, 1985
· John Hejduk, Vladivostock- A Trilogy, Rizzoli Intl Pubns, 1989
· John Hejduk, Wedding in a Dark Plum Room, Monacelli Pr, 1997
· John Hejduk, JOHN HEJDUK: MASK OF MEDUSA - WORKS 1947-1983, Rizzoli, 1989
· John Hejduk, Education of An Architect, Rizzoli, 1988
· Michael Hays, Maxwell L. Anderson, John Hejduk , Sanctuaries-The Last Works of John Hejduk, Whitney Museum of Art, Rizzoli, 2003
· Peter Eisenman, Eisenman Inside Out- Selected Writings, 1963-1988, Yale Univ Press, 2004
· Peter Eisenman, House X, Rizzoli Intl Pubns, 1983

학회 논문

· 강훈, 이동언, 디지털 건축디자인으로서 '주름(Fold)' 에 관한 연구-질 들뢰즈의 '주름(Fold)' 사유와 피터 아이젠만의 '접기(Folding)' 기법을 중심으로 -. 대한건축학회 논문집, 20(11), 2004
· 김봉수, 이정만 피터아이젠만의 건축설계에 나타난 디지털 변형과 생성에 관한 연구, 대한건축학회 학술발표대회 논문집, 20(2), 2000
· 김영태, 김성우, 현대건축에 나타난 추상미술의 표면 원리와 그 적용 유형에 관한 연구, 대한건축학회 논문집, 14(4), 1998
· 김원갑, 20세기 건축 디자인에 나타난 초현실주의의 영향에 관한 연구, 대한건축학회 논문집, 13(4), 1997
· 김원갑, 러시아 입체-미래파가 현대건축 디자인에 미친 영향에 관한 연구, 대한건축학회 논문집, 10(6), 1994
· 김정아, 시간과 공간의 관념론적 접근을 통한 초현실주의적 디자인에 관한 연구. 한국실내디자인학회 논문집, 13(1), 2004
· 김정한, 슬라보예 지젝, 사유의 반란. 실천문학, 2011
· 김현섭, 레비우스 우즈의 건축에 나타난 위기의 표상에 관한 연구. 대한건축학회 논문집, 29(11), 2013
· 김홍기, 김미경 '피네간의 경야(經夜)' 를 통해 본 존 케이지 음악과 베르나르 츄미 건축의 상호텍스트성에 관한 연구, 한국실내디자인학회 논문집, 18(5), 2009
· 박경아, 언캐니 개념으로 바라 본 현대건축의 미적 사유와 표현경향 연구. 한국실내디자인학회 논문집, 22(1), 2013
· 배윤천, 이강업, 1950-60년대 존 헤이덕의 초기 건축 실험에 나타난 시리얼리즘에 관한 연구, 대한건축학회 논문집, 24(10), 2008
· 안우진, 정집문, 공간시퀀스로 살펴본 알도 로시 건축의 장소성 규명에 관한 연구, 한국실내디자인학회 논문집, 15(6), 2006
· 안은희, 주거에서 발생하는 공간-권력에 대한 담론 연구, 한국실내디자인학회 논문집, 20(4), 2011
· 안은희, 이정욱, 실내건축의 욕망유형을 통한 욕망구조 특성에 관한 연구, 한국실내디자인학회 논문집, 16(4), 2007
· 우창옥, 김종진, 알도 로시의 '자전적 개념' 과 스키마를 바탕으로 한 건축 디자인 특성에 관한 연구, 한국실내디자인학회 논문집, 18(5), 2009
· 윤숙희, 정진원, 바흐찐과 헤이덕의 크로노토프에 관한 비교연구. 대한건축학회 논문집 - 계획계, 23(7), 2007
· 이경훈, 아파트 모델하우스 外觀에 나타난 換喩構造에 關한 硏究- 라캉의 慾望理論을 中心으로, 대한건축학회 논문집 - 계획계 20(3), 2004
· 이도희, 다니엘 리베스킨트의 건축적 사고와 표현 특성에 관한 연구. 한국실내디자인학회 논문집,

13(1), 2004
· 이병주, 해체주의 건축드로잉에 나타난 타이포그래피 특성 연구. Archives of Design Research, 2002
· 이재인, 라깡의 응시에 의한 도널드 저드의 작품 속 건축적 특성 분석연구, 대한건축학회 논문집33(8), 2017
· 이종건, 로우와 슬러츠키의 투명성 개념의 해석과 확장에 관한 연구. 대한건축학회 논문집, 25(12), 2009
· 이종건, 김수현, 존 헤이덕 건축에서 '메두사의 가면' 의 의미에 관한 연구, 대한건축학회 논문집, 28(1), 2012
· 이지민, 피터 아이젠만의 해체주의 이론과 작품에 관한 연구, 한국실내디자인학회 논문집, (21), 1999
· 임성훈, 알도 로시의 건축에 있어서 삶과 죽음의 의미, 대한건축학회 논문집, 28(5), 2012
· 임성훈, 상징적 형식에 의한 공간의 매개에 관하여. 대한건축학회 논문집, 29(1), 2013
· 임성훈, 이동언, 알도 로시의 건축에 있어서 반복의 의미, 대한건축학회 논문집, 28(1), 2012
· 임종엽, 이홍, 공간 디자인에 있어 집합적 기억에 관한 알도 로시와 렘쿨하스의 비교 연구, 한국실내디자인학회 논문집, 15(6), 2006
· 장용순, 츄미, 쿨하스, MVRDV에 나타난 프로그램적 이질성과 이접에 대한 연구. 대한건축학회 논문집 , 26(6), 2010
· 전평국, 김노익, 소비에트 무성영화의 지가 베르토프 영화이론. 한국콘텐츠학회논문지, 10(8), 2010
· 정진수, 독일의 표현주의건축에 관하여-배경과 초기의 전개, 건축, 21(6), 1977
· 정철희, 포스트맑스주의와 한국사회연구, 후기사회학대회 발표논문, 1996
· 정태용. 리베스킨트의 유태인 박물관에 나타난 건축개념 비교에 관한 연구. 한국실내디자인학회 논문집,21(2), 2012
· 정태용, 노르베르크-슐츠의 건축 현상학이 갖는 의의와 한계. 한국실내디자인학회 논문집, 25(6), 2016
· 정태용, 팔라스마 건축 현상학의 배경과 특성, 한국실내디자인학회 논문집, 24(2), 2015
· 정태용, 리베스킨트 초기 드로잉 작업의 실험적 특성에 관한 연구, 한국실내디자인학회 논문집, 22(1), 2013
· 정현두, 소비에트 영화의 태동과 지가 베르토프. 노어노문학, 14(2), 2002
· 조성현, 이동언, 은유와 환유의 재해석을 통한 건축에서의 '낯설게 하기' : 라캉의 상징계, 실재계, 상상계를 중심으로, 대한건축학회, 대한건축학회 학술발표대회 논문집 - 계획계 24(2), 2004
· 진태원, 홍기숙, 스피노자와 알튀세르에서 이데올로기의 문제, 근대철학, 3(1), 2008
· 차명열, 최효식, 정신분석학을 이용한 루이스 칸과 렘 쿨하스의 건축 내부공간 구성 비교연구, 한국실내디자인학회 논문집, 21(5), 2012
· 최윤영, 구영민, 다이아몬드 형상의 탐구를 통한 건축공간에 관한 성찰-몬드리안의 회화와 존 헤이덕의 다이아몬드 주택을 중심으로,대한건축학회 학술발표대회 논문집, 20(2), 2000
· 최효식, 라깡의 시지각 예술이론에 의한 영화의 롱테이크 기법과 건축공간의 연속성 비교, 한국실내디자인학회 논문집, 26(6), 2017
· 최효식, 칼리가리 박사의 밀실과 해체주의 건축의 표현주의 특성 비교, 한국실내디자인학회 논문집, 25(1), 2016
· 한서영, 존 케이지의 작품과 버나드 츄미의 라빌레뜨 공원 프로젝트의 비교 연구, 대한건축학회 논문집, 30(1), 2014
· 함보아, 이찬, Surrealism 표현특성과 기호학적 적용방법을 통한 공간분석 연구, 한국실내디자인학회 논문집, 18(6), 2009
· 홍덕기, 구영민, 현대건축에서 나타나는 신체적 시각성에 관한 연구, 대한건축학회 논문집, 27(5), 2011
· 황보봉, 독일 표현주의 건축의 재인식, 한국실내디자인학회 논문집, 15(5), 2006
· 황순향, 이데올로기와 무의식. 현대영미어문학, 35(4), 2017

현대철학과 건축이론 시리즈 9
Philosophy and Architecture Series

욕망이론과 건축이론

1판 1쇄 2019년 9월 20일

저자 임기택(ktarchitect@pknu.ac.kr)

발행인. 김기현
발행처. 시공문화사(Spacetime)
디자인. Design Battery

등록. 1993년 3월 12일
주소. 서울시 서대문구 독립문공원길 13 극동프라자 5층(03733)
전화. 02)3147-1212, 2323
전송. 02)3147-2626

www.spacetime.co.kr, spacetime@korea.com
ISBN 978-89-5592-422-0 93540

정가 10,000원